셀프트래블

나고야

상상출판

셀프트래블

나고야

개정 1쇄 | 2023년 4월 3일
개정 3쇄 | 2024년 8월 23일

글과 사진 | 홍은선

발행인 | 유철상
편집 | 김수현, 김정민
디자인 | 주인지, 노세희
마케팅 | 조종삼, 김소희
콘텐츠 | 강한나

펴낸 곳 | 상상출판
주소 | 서울특별시 성동구 뚝섬로17가길 48, 성수에이원센터 1205호(성수동 2가)
구입 · 내용 문의 | **전화** 02-963-9891(편집), 070-7727-6853(마케팅)
팩스 02-963-9892 **이메일** sangsang9892@gmail.com
등록 | 2009년 9월 22일(제305-2010-02호)
찍은 곳 | 다라니
종이 | ㈜월드페이퍼

※ 가격은 뒤표지에 있습니다.

ISBN 979-11-6782-127-0(14980)
ISBN 979-11-86517-10-9(set)

www.esangsang.co.kr

셀프트래블

나고야

Nagoya

홍은선 지음

상상출판

BUS
international shoes gallery

Prologue

처음 나고야에 가게 된 건 순전히 우연이었습니다. 보통은 보고 싶은 게, 먹고 싶은 게, 사고 싶은 게 있어서 떠났지만 나고야는 충동에 가까웠습니다. 추석 명절을 맞아 친척들과 즐겁게 보내는 것도 (누군가에게는) 좋겠지만 혼자 있고 싶은 마음이 컸거든요. 그래서 항공권 사이트에 들어갔습니다. 도착지에 'Everywhere'를 적었죠. 그러면 가장 저렴한 항공편부터 보여주는데, 그곳이 바로 나고야였습니다.

첫 나고야 여행은 그냥 망했어요. 2박 3일의 짧은 일정에, 사카에 지역에만 머무는 거였는데도 망했어요. 가장 큰 원인은 과식이었습니다. 나고야는 지역 특유의 향토 요리가 유명한데 이를 '나고야메시'라고 합니다. 거기에는 장어덮밥 히쓰마부시, 붉은 된장으로 푹 끓여 낸 미소니코미 우동, 술안주용 닭날개튀김 데바사키, 납작한 면발 기시멘, 된장소스로 맛을 낸 미소돈가스 등이 있죠. 짧은 일정을 욕심으로 채운 탓에 배탈이 났습니다. 드러그스토어에서 오타이산 소화제를 사 먹고 나았지만 다음 끼는 자중해야 했죠. 오타이산 소화제의 PPL은 아닙니다. 그렇게 가고자 했던 곳, 먹고자 했던 것을 다 이루지 못한 채 돌아왔습니다.

여행에서 돌아오면 주변 사람들이 묻잖아요. "여행 어땠어?"라고. 저는 나고야 여행에서 돌아온 후 그 물음에 쉽게 대답하지 못했습니다. 좋았다고 할 수도 없고, 싫었다고 할 수도 없는 애매한 마음이었거든요. 그런데 자꾸 생각나더라고요. 놓치고 온 것들에 대한 아쉬움이 컸던 거죠. 더 많은 것을 먹고, 보고, 느끼고 올 수 있었는데…. 그렇게 저의 다음 목적지가 정해졌습니다. 이번에는 'Everywhere'가 아닌, 나고야였습니다.

세상에 아쉬움 하나 없는 여행이 있을까요? 물론 모든 일이 계획대로 이루어지는 분들도 계시겠죠. 아마 전생에 덕을 많이 쌓으셨나 봅니다. 저는 덕이 부족한지 여행만 가면 뜻대로 안 됩니다. 하지만 후회가 남는다는 이유로 두 번째, 세 번째 여행을 떠날 수 있었습니다. 그렇게 저만의 아쉬움을 채우고자 시작한 여행이었는데, 어느새 다른 사람들의 마음까지 고민하게 되었네요.

나고야는 근교 도시로 이동하기 편리한 위치와 교통을 지녔습니다. 나고야를 기점으로 해서 근교 여행을 떠나시는 분들도 많죠. 하지만 이 책은 나고야라는 도시 자체에 집중하고 있습니다. 근교 역시 열차를 타고 30분 내외로 갈 수 있는 도시들만 골랐어요. 유명한 명소는 물론 현지인들만 찾는다는 맛집도 가보고, 친구들이 생각나던 놀이공원과 부모님이 떠오르던 온천 등 여기저기 다녔습니다. '이런 여행자도 있지 않을까?' 싶은 마음에 평소라면 가지 않았을 공간, 먹지 않았을 음식도 먹어봤어요. 누군가의 후회 없을 여행을 생각하며 열심히 걸었습니다. 덕분에 추억도 많이 생겼어요. 1박만 머문다고 해서 공항 직원의 의심을 사기도 하고, 3주를 머문다고 해서 공항 직원의 의심을 사기도 했죠. 길 가다가 피식 웃게 되는 즐거운 추억들이 늘었습니다.

그래서 이제 아쉬움은 없냐고요? 지금은 보지 못한 것이 아닌 누군가와 함께하지 못한 아쉬움이 큽니다. 전 또다시 나고야로 향하겠죠. 여러 가지를 봤으니 여러 사람과 나누고 싶거든요. 독자 여러분과는 책을 통해 동행하겠습니다. 부디 도움이 되길 바랍니다.

홍은선

Contents
목차

Mission in Nagoya

나고야에서 꼭 해봐야 할 모든 것

Try Nagoya

Enjoy Nagoya

나고야를 즐기는 가장 완벽한 방법

有楽苑
国宝茶室 如庵

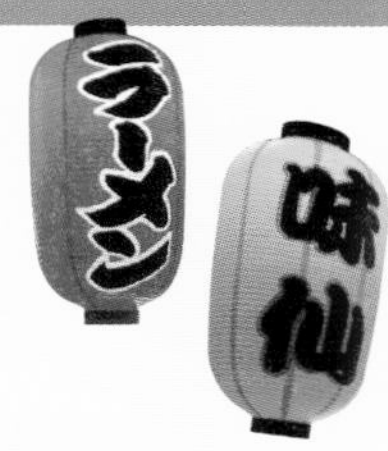

Step to Nagoya

쉽고 빠르게 끝내는 여행 준비

Self Travel Nagoya
일러두기

❶ 주요 지역 소개

『나고야 셀프트래블』은 크게 나고야와 나고야 근교로 나뉩니다. 나고야에서는 나고야역 주변, 사카에, 오스, 나고야성 주변, 나고야 남부를, 나고야 근교에서는 도코나메, 이누야마, 구와나를 다루고 있습니다.

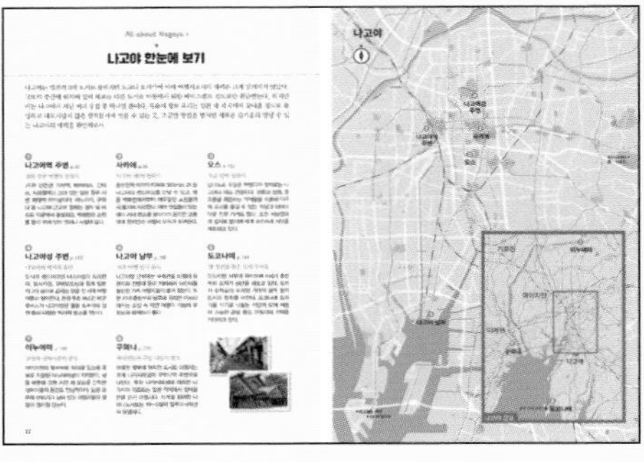
나고야 한눈에 보기

❷ 철저한 여행 준비

Mission in Nagoya 나고야에 대한 일반 정보와 이야깃거리, 놓치면 후회할 볼거리, 음식, 쇼핑 아이템 등을 테마별로 한눈에 보여줍니다. 기간과 동행인에 따른 추천 일정도 제시하니 필요에 따라 쏙쏙 골라보세요.

Step to Nagoya 나고야 여행의 준비 과정과 공항 이용, 지하철 및 메구루버스 등의 시내 교통 정보, 알아두면 유용한 일본어 회화를 실어 초보 여행자도 어려움 없이 나고야를 여행할 수 있도록 했습니다.

나고야 시내 교통

놓치면 섭섭할 근교 도시의 명소

❸ 알차디알찬 여행 핵심 정보

Enjoy Nagoya 본격적인 스폿 소개에 앞서 각 지역별로 특징, 이동 방법, 여행 방법을 안내한 후 관광명소, 식당, 쇼핑, 숙소 등을 차례차례 소개하고 있습니다. 관광명소의 경우 중요도에 따라 별점(1~3개)을 표기했으며 알아두면 유용한 추가 정보는 More & More 혹은 Tip으로 정리했습니다.

나고야성(名古屋城) 주변

❹ 원어 표기

최대한 외래어 표기법을 기준으로 표기했으나, 몇몇 지역명, 관광명소와 업소의 경우 현지에서 사용 중인 한국어 안내와 여행자들에게 익숙한 이름을 택했습니다.

❺ 정보 업데이트

이 책에 실린 모든 정보는 2024년 8월까지 취재한 내용을 기준으로 하고 있습니다. 현지 사정에 따라 요금과 운영시간 등이 변동될 수 있으며 버스나 열차 등의 교통 정보 또한 달라질 수 있으니 여행 전 한 번 더 확인하시길 바랍니다.

❻ 지도 활용법

이 책의 지도에는 아래와 같은 부호를 사용하고 있습니다.

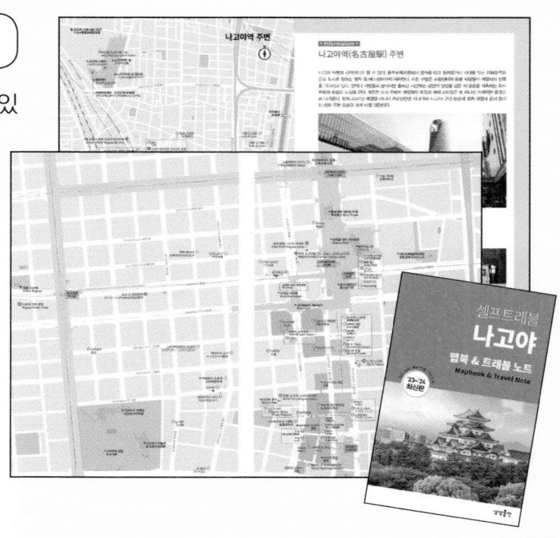

주요 아이콘

- 관광지, 스폿

Ⓡ 레스토랑, 카페 등 식사할 수 있는 곳

Ⓢ 백화점, 쇼핑몰, 슈퍼마켓 등 쇼핑 장소

Ⓗ 호텔, 료칸 등 숙소

기타 아이콘

ⓘ 관광안내소

버스정류장, 버스터미널

지하철역, 기차역

All about Nagoya 1

나고야 한눈에 보기

나고야는 일본의 3대 도시로 꼽히지만 도쿄나 오사카에 비해 여행지로서의 매력은 크게 알려지지 않았다. 국토의 중간에 위치해 있어 때로는 다른 도시로 이동하기 위한 베이스캠프 정도로만 취급받는다. 하지만 이는 나고야가 지닌 여러 장점 중 하나일 뿐이다. 특유의 향토 요리는 일본 내 각지에서 찾아올 만큼 유명하고 대도시답지 않은 한적함까지 엿볼 수 있는 곳. 조금만 발길을 뻗치면 새로운 즐거움과 만날 수 있는 나고야의 매력을 확인해 보자.

❶

나고야역 주변 p.60

일본 중부 여행의 중심지

JR과 신칸센 기차역, 메이테쓰, 긴테쓰, 지하철역이 모여 있는 일본 중부 지방 최대의 터미널이다. 이누야마, 구와나 등 나고야 근교로 향하는 열차 및 버스도 이곳에서 출발하고, 백화점과 쇼핑몰 등이 모여 있어 언제나 사람이 많다.

❷

사카에 p.96

나고야 제1의 번화가

중부전력 미라이 타워와 오아시스 21 등 나고야의 랜드마크를 만날 수 있고, 명품 백화점에서부터 캐주얼한 쇼핑몰까지 줄지어 자리한다. 여러 맛집들이 있는 데다 시내 명소를 찾아가기 용이한 교통 덕에 현지인과 여행자 모두가 모여든다.

❸

오스 p.132

오감 만족 상점가

남녀노소 수많은 여행자가 찾아오는 나고야의 대표 관광지다. 의류와 잡화, 중고품을 취급하는 가게들을 비롯해 다국적 요리를 즐길 수 있는 식당과 테이크아웃 전문 가게도 많다. 또 서브컬처의 성지로 불리며 세계 코스프레 서밋을 개최하고 있다.

❹

나고야성 주변 p.152

나고야의 역사적 유산

도시의 랜드마크인 나고야성이 자리한다. 오사카성, 구마모토성과 함께 일본의 3대 성으로 꼽히는 만큼 전 세계 여행자들이 찾아온다. 관광 루트 버스인 메구루버스가 나고야성은 물론 도쿠가와 정원 등의 다양한 역사적 명소를 잇는다.

❺

나고야 남부 p.166

가족 여행 인기 코스

나고야항 근처에는 수족관을 비롯해 유원지와 전망대 등이 자리하여 어린이를 동반한 가족 여행자들이 즐겨 찾는다. 또한 시내 중심부의 남쪽에 위치한 아쓰다에서는 도심 속 자연 여행을 테마로 부모님과 함께하기 좋다.

❻

도코나메 p.184

옛 정취를 품은 도자기 마을

아이치현 서부에 위치하며 8세기 후반부터 도자기 생산을 해오고 있다. 도자기 산책길의 오래된 가마와 굴뚝 등이 도시의 정취를 더한다. 도코나메 도자기를 식기로 내놓는 식당과 도예 체험이 가능한 공방 등도 여행자의 선택을 기다리고 있다.

❼

이누야마 p.196

고성과 성하마을의 풍경

아이치현의 북서부에 위치해 있으며 국보로 지정된 이누야마성이 자리한다. 성을 비롯해 오랜 시간 제 모습을 간직한 성하마을의 풍경도 인상적이다. 일본 고유의 분위기가 남아 있어 여행자들의 걸음이 끊이질 않는다.

❽

구와나 p.210

현지인들의 주말 나들이 장소

미에현 북부에 위치한 도시로 여행지는 크게 나가시마섬과 구와나역 주변으로 나뉜다. 특히 나가시마섬에 자리한 나가시마 리조트는 일본 각지에서 찾아올 만큼 인기 여행지다. 사계절 화려한 나바나노사토는 10~5월의 일루미네이션이 유명하다.

나고야
N
4
나고야성
주변
1
나고야역
주변
2
사카에
3
오스
히가시야마
동 · 식물원
5
나고야 남부
레고랜드 재팬
리니어철도관
7
기후현
이누야마
아이치현
미에현
8
구와나
나고야
6
중부국제공항
도코나메
나고야 근교

All about Nagoya 2

나고야 일반 정보

일본은 크게 4개의 섬과 그 외 작은 섬들로 구성돼 있는 열도다. 4개의 섬은 북쪽에서부터 홋카이도, 혼슈, 시코쿠, 규슈로 이뤄져 있으며 나고야는 가장 크고 가장 인구가 많은 혼슈의 중부 지역에 위치한다. 국토의 중간에 있다 보니 일본의 주요 도시인 도쿄와 오사카 사이를 잇고, 주변 도시로의 이동에 있어서도 중심지 역할을 한다. 한국인 여행자에게 인지도나 인기는 떨어지는 편이지만 도쿄, 오사카와 함께 일본의 3대 도시에도 꼽힌다. 일본에서는 네 번째, 중부 지역에서는 가장 인구가 많다.

나고야는 지역 경제의 발전이 뛰어난 도시로도 유명하다. 도요타 자동차를 비롯한 여러 기업들이 나고야를 본거지로 하는 덕이다. 이로 인해 현지에서는 부자 도시라는 인식도 있고, 자동차 산업이 중심이 되는 점에서 우리나라의 울산광역시와 비교되기도 한다. 실제로도 일본 무역 흑자의 70%를 벌어들인 적이 있을 만큼 '큰돈'을 모으는 지역이다. 그에 비하면 관광 도시로선 아직 '동전 한 닢' 수준이지만 독특한 식문화와 교통 인프라 등으로 계속해서 발전해 나가고 있다.

면적

나고야 16개 구의 면적은 326.45km²이며, 서울(605.21km²)과 비교해 절반 정도 크기다.

인구

나고야시 인구는 약 216만 명이며, 일본 전체 인구는 약 1억2,497만 명에 달한다.

언어

일본어를 사용한다. 유명 관광지나 식당 등은 영어 및 한국어 안내문과 메뉴판 등을 갖추고 있다. 다만 몇몇 작은 가게는 외국인에게도 일본어로 응대한다. 영어로 질문해도 일본어로 대답하는 편. 호텔은 3성급 이상일 경우 영어 소통이 가능한 직원이 상주해 있다.

시차

한국과 시차는 없다.

비자

관광이 목적인 대한민국 여권 소지자의 경우 90일 이내로 무비자 입국이 가능하다.

전압

110V를 사용한다. 우리나라는 220V를 사용하기 때문에 돼지코라 불리는 11자형 변환 플러그가 필요하다. 전자기기가 110~220V 겸용인 프리볼트 제품이라면 변압기 없이 돼지코만 이용해도 된다. 프리볼트가 아닌 기기는 변압기를 사용해야 고장을 방지할 수 있다. 프리볼트 여부는 기기 라벨에 명시돼 있다.

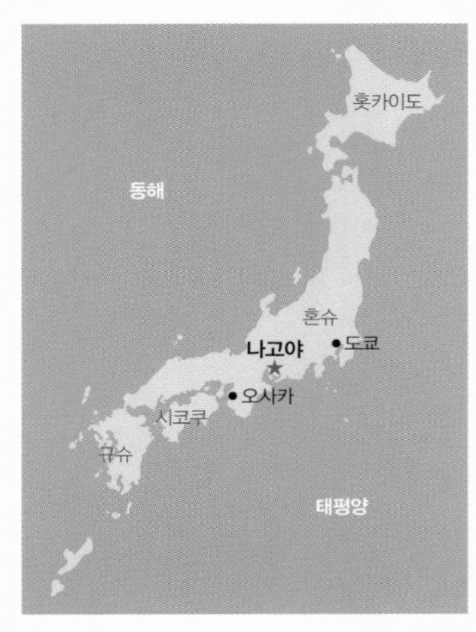

기후

연평균 기온은 15.7도, 평균 강수량은 1,644mm이다. 나고야는 일본의 거의 한 가운데에 위치해 일반적으로 온화한 기후를 보인다. 한국과 마찬가지로 가장 더운 때는 8월, 추운 때는 1월이다. 6·7월은 강우량이 늘어나고 9월은 태풍 영향권에 들기도 한다. 꽃놀이와 단풍놀이 시즌인 봄, 가을에 여행하기 가장 좋고 관광객도 늘어난다.

연평균 기온과 강수량

월	1월	2월	3월	4월	5월	6월	7월	8월	9월	10월	11월	12월
기온(℃)	4.8	5.5	9.2	14.6	19.4	23	26.9	28.2	24.5	18.6	12.6	7.2
강수량(mm)	50.8	64.7	116.2	127.5	150.3	186.5	211.4	139.5	231.6	164.7	79.1	56.6

통화와 화폐

100￥=약 914원(2024년 8월 기준)
일본은 엔화(￥)를 사용하며 한국의 웬만한 은행에서 환전이 가능하다. 지폐는 10,000엔, 5,000엔, 1,000엔짜리가 있다. 2,000엔권도 있지만 거의 사용되지 않는다. 동전은 500엔, 100엔, 50엔, 10엔, 5엔, 1엔이 있다. 물건 하나만 사도 쉽게 생기는 터라 동전 지갑을 준비하는 게 좋다.
또 일본은 위조 방지를 위해 약 20년마다 새 지표를 발행하며, 2024년 7월 3일부터 새로운 도안의 지폐가 유통되고 있다. 새 지폐 발행 후에도 기존 지폐는 계속 사용할 수 있으니 혹시 모를 범죄 사기에 유의하자.

물가

편의점이나 카페의 경우 한국보다 조금 저렴한 편이다. 이로하스 생수(555mL) 140엔, 코카콜라(300mL) 108엔, 스타벅스 라테(Tall) 490엔 정도. 식사는 무엇을 먹느냐에 따라 다른데 한 끼에 1,000엔 내외로 생각하면 편하다. 다만 히쓰마부시 등 식재료가 비싼 음식은 4,000엔 가까이 나간다. 또한 교통비가 비싼 편이라 여행자에게는 부담이 된다.

신용카드와 간편결제

작은 규모의 식당 등에선 현금만 받는 경우가 있다. 그러나 팬데믹 이후 일본의 많은 상점이 QR과 간편결제 시스템을 도입했다. 일부 대형 쇼핑몰에선 네이버페이(라인페이)/카카오페이 결제도 가능하다. 환전과 충전식 선불카드 기능을 결합한 트래블월렛 카드를 이용하는 방법도 있다.

세금

메뉴판이나 가격표에 명시돼 있는 금액에서 10%의 세금이 추가된다. 식료품 또는 가게 등에서 테이크아웃 시에는 8%가 붙기도 한다. 편의점이나 슈퍼마켓 진열대의 가격표도 크게 적혀 있는 쪽은 세금 전 가격이다. 그 아래 세금 포함 가격이 따로 있으니 헷갈리지 말자. 간혹 세금이 포함된 금액임을 명시하기도 하는데, 그 경우 제이코미税込み(세금 포함)라는 안내가 돼 있다. 불포함은 제이누키税抜き라고 한다. 상점에 따라 1일 합계 5,000엔(세금 불포함) 이상을 구입하면 세금 환급이 가능하다. 몇몇 백화점은 면세 카운터에서 수수료를 떼고 환급해준다.

전화

투어 등에 참여하려면 전화 예약이 필요한 경우가 있다. 일본의 국가번호는 81, 나고야의 지역번호는 052다. 한국에서 전화를 걸 때는 [국제전화 번호]-[국가번호]-[0을 제외한 지역번호]-[전화번호(혹은 0을 제외한 휴대폰 번호)] 순서로 누른다.

예) 001-81-52-123-4567

일본 내에서 전화를 걸 때는 국제전화 번호나 국가번호는 필요 없고 0을 포함한 지역번호와 전화번호를 누른다.

예) 052-123-4567

OTO 등의 무료 국제전화 애플리케이션을 이용하는 방법도 있다. 본인의 휴대폰 요금제가 제공하는 영상/부가 통화 시간이 차감되는 형식이다.

교통

나고야 시내는 지하철과 버스, 관광 루트 버스인 메구루 버스 등을 이용할 수 있다. 자세한 사항은 p.236~242 참고. 도코나메, 이누야마, 구와나 등의 근교 도시는 메이테쓰, 긴테쓰, JR 열차나 고속버스로 이동 가능하다. 근교 여행에 비중이 크거나 가족 단위의 여행자인 경우 렌터카를 이용하기도 한다.

국경일 및 공휴일

일본은 공휴일이 일요일인 경우 그다음 날인 월요일에 쉰다. 여행자들이 신경 써야 할 때는 연말연시와 골든위크, 그리고 오봉 연휴다.

연말연시(12월 29일~1월 3일)에는 관광명소를 비롯해 문을 닫는 상점들이 많아 일정을 짤 때 선택지가 좁아진다.

골든위크는 공휴일이 모여 있는 4월 말부터 5월 초까지의 연휴 기간이다. 매년 다르지만 보통 일주일 정도를 쉴 수 있어 일본 사람들이 국내외로 많이들 떠난다. 때문에 숙소 가격이 엄청나게 오르고 항공편과 기차 등은 사전에 예약하지 않으면 이용이 어려울 수 있다.

오봉 연휴(8월 11일~16일)는 법정 공휴일이 아니지만 학생들은 방학 기간이고 직장인도 대부분 휴가를 낸다. 산의 날을 기점으로 일주일 정도 쉴 수 있어 역시나 숙박비가 급증하는 시기다.

날짜	명칭
1월 1일	설날
1월 둘째 월요일	성년의 날
2월 11일	건국기념일
2월 23일	일왕 탄생일
4월 29일	쇼와의 날
5월 3일	헌법기념일
5월 4일	녹색의 날
5월 5일	어린이날
7월 셋째 월요일	바다의 날
8월 11일	산의 날
9월 셋째 월요일	경로의 날
9월 23일	추분
10월 둘째 월요일	체육의 날
11월 3일	문화의 날
11월 23일	근로감사의 날

나고야의 진실과 편견

나고야는 정말 '노잼' 도시일까? 일본 내 언론이나 현지인들 시선에서 나고야는 어떤 도시일까? 여기, 나고야에 대한 편견과 관련된 이야기가 있다. 일명 여행자가 알아두기엔 쓸데없을지도 모르는 잡학사전!

일본에서 가장 매력 없는 도시?

2016년에 진행한 한 설문에서 일본 내 8개 주요 도시 가운데 '가장 매력적인 도시'를 조사한 적 있다. 그 결과 나고야는 압도적으로 꼴찌를 차지했고, 졸지에 가장 매력 없는 도시로 취급받게 된다. 더 슬픈 건 설문조사를 진행한 쪽이 바로 나고야시라는 사실! 도시의 매력 향상을 도모하기 위한 설문이었는데 도리어 부정적인 이미지를 퍼뜨리고 말았다. 이러한 결과가 나온 데에는 나고야 사람들이 자신들의 지역을 선택하지 않았다는 점도 크다. 참고로 본인이 사는 도시에 대한 관광 추천 여부를 물었을 때도 최하위였다.

사실 나고야 사람들은 관광 산업에 있어 딱히 어필하지 않는 면이 있다. 오래전부터 제조업이 발달해 온 터라 경제적으로 여유롭기 때문. 쉽게 말하면 아쉬울 게 없는 거다. 또한 대학 진학률이 높고 취업할 곳도 많다 보니 나고야에서 태어나 쭉 살아가는 시민들도 많다. '매력 어필은 서툴지만 살기 좋은 도시'를 뽑았다면 1위를 차지했을지도 모를 일이다.

일본 내 나고야의 존재감

나고야는 일본의 3대 도시로 꼽히지만 그 입지(?)가 탄탄해 보이진 않는다. 일본인들에게 자국의 3대 도시에 대해 질문하면 도쿄, 오사카는 고정인데 이어서 나오는 도시는 후쿠오카, 교토, 규슈 등 다양하기 때문이다. 나고야는 일본 내에서 여러 가지 모습으로 무시된 적 있는데, 이를 두고 나고야토바시名古屋飛ばし라는 말이 있을 정도다. 토바시는 우리말로 '날린다'는 의미. 이 속어가 크게 부각된 건 1992년 도쿄와 오사카 사이를 잇던 신칸센(노조미 301호) 첫차가 시간을 못 맞춘다는 이유로 나고야역에 정차하지 않았을 때다. 현재는 모든 등급의 열차가 나고야역

에 정차하고 있지만 그 당시 나고야 시민들은 자존심에 큰 상처를 입었다. 또한 대형 콘서트나 유명 체인점 진출이 나고야에서는 이루어지지 않을 때도 사용되는 말이다. 그러나 이러한 말 자체가 나고야의 존재감을 보여주기도 한다. 정말 존재감이 없다면 날리든지 말든지 누가 신경이나 썼겠는가.

나고야 사투리와 '에비후랴'

나고야를 중심으로 아이치현 서부 지역에서 사용하는 사투리를 나고야벤이라고 한다. 표준어와 가장 큰 차이라 하면 어미나 억양 정도인데 요즘 젊은 사람들은 별로 사용하지 않는다. 타 지역 사람들이 나고야벤을 가장 크게 오해하는(놀리는) 부분은 말끝마다 '먀'를 붙인다는 것이다. 이는 1980년대 일본의 한 방송인이 "나고야 사람들은 먀-먀-거린다"라고 조롱한 데서 비롯되었다. 또한 에비후라이(새우튀김)도 에비후랴라고 발음한다고 해 이를 진짜로 오해하게 됐고, 나고야 사람들이 새우튀김을 좋아한다는 인식까지 생겼다. 그 당시 새우튀김은 나고야의 명물이 아니었다. 그런데 새우튀김으로 유명해져 관광객이 찾아올 정도라 이를 기회로 삼아 여러 가게에서 다양한 새우튀김 메뉴를 탄생시켰다. 때문인지 나고야 사람에게 "에비후랴"라고 말하면 나고야 사투리가 아니라고 지적받을지도 모르지만 몇몇 식당과 가게에선 '에비후랴'를 적어 두고 홍보하는 아이러니한 모습도 볼 수 있다.

01

-

Mission in Nagoya

나고야에서 꼭 해봐야 할 모든 것

Landmark

나고야에 뭐가 있는데요? 랜드마크 베스트 5

도쿄, 오사카와 함께 일본의 3대 도시에 꼽히지만 일본 여행을 준비하며 나고야를 1순위에 올리는 여행자가 몇이나 될까? 그러나 이는 나고야의 매력을 아직 모르기 때문이다. 시간의 흐름이 묻어나는 고성부터 우주 비행선을 닮은 특이한 시설까지 나고야의 랜드마크를 만나보자. 어쩌면 당신이 일본을 떠올릴 때 가장 먼저 생각날 추억의 장소가 될지도 모른다.

나고야성 名古屋城 (p.158)

대표적인 관광명소이자 일본 3대 성으로 꼽힌다. 천수각의 용마루를 장식한 긴샤치金鯱는 나고야성의 상징이기도 하다. 물을 부른다는 상상의 동물 샤치호코しゃちほこ에 금박을 입힌 것이다.

중부전력 미라이 타워

中部電力 Mirai Tower (p.103)

1954년 지어진 일본 최초의 전파 철탑으로 히사야오도리 공원에 위치하고 있다. 사카에 지역은 물론 나고야를 대표하는 랜드마크이며, 타워로서는 처음으로 국가등록 유형문화재, 국가 중요 문화재에 이름을 올렸다. 무엇보다 시내 전경을 바라볼 수 있는 전망대가 인기다.

오아시스 21

Oasis 21 (p.104)

사카에 지역에서 미라이 타워와 함께 가장 눈에 띄는 건물이다. 거대한 원반형 지붕이 마치 우주선 같기도 한데, 특히 저녁에는 LED 조명이 켜지면서 더욱 신비롭게 다가온다. 식사와 쇼핑 공간을 비롯해 버스터미널도 자리하며 지하철역과 센트럴 파크 지하상가 등이 연결된다.

나고야역

名古屋駅 (p.66)

단순한 기차역이라고 보기에는 무리가 있다. 중부 지방 최대 터미널이자 호텔과 쇼핑, 레스토랑은 물론 전망대까지 자리해 있는 나고야 여행의 시작점이다. 나고야 사람들은 메이에키名駅라고도 부른다. 현재 역 주변 재정비 공사가 한창이다.

오스칸논

大須観音 (p.138)

오스 지역을 대표하는 랜드마크로 관세음보살을 모시는 불교 사원이다. 『고사기』를 비롯한 다수의 고서적을 소장하고 있으며 다양한 이벤트와 벼룩시장도 열린다. 오스상점가와도 이어져 많은 발걸음이 모인다.

Around

놓치면 섭섭할 근교 도시의 명소

타국까지 와서 한 도시만 보고 간다는 게 영 아쉽다면 나고야의 근교 도시로 눈을 돌려보자. 열차를 타면 30분, 버스로는 1시간 이내로 도착할 수 있는 거리에 다양한 명소들이 자리한다. 대도시에서는 느끼기 어려운 한적함을 원하거나 현지인들도 시간을 내서 찾을 만큼 유명한 관광명소가 보고 싶다면 바로 여기, 선택지가 있다.

이누야마성

犬山城 (p.202)

아이치현 북서부에 위치한 이누야마의 대표 명소다. 기소강의 남쪽 언덕에 세워져 있으며, 일본에서 국보로 지정한 5개의 성 중 하나이기도 하다. 천수각의 최상층에서 내려다보는 풍경이 아름다워 많은 사람들이 모인다.

록카엔

六華苑 (p.221)

미에현 북부에 위치한 구와나시의 관광명소다. 서양식과 일본식 건축양식이 혼합돼 있으며 그 독특한 풍경에 영화나 드라마 촬영지로도 유명하다. 박찬욱 감독의 영화 〈아가씨〉의 촬영지이기도 하다.

도자기 산책길

やきもの散歩道 (p.191)

아이치현 서부의 도코나메시는 오래전부터 도자기 생산을 해오고 있다. 굴뚝과 가마, 토관 언덕 등이 옛 정취를 자아낸다. 애니메이션 〈울고 싶은 나는 고양이 가면을 쓴다〉의 배경지로도 알려졌다.

나가시마 스파랜드

ナガシマスパーランド (p.218)

나가시마 리조트에 자리한 놀이공원으로 세계에서 가장 긴 롤러코스터가 유명하다. 어린이를 동반한 여행자들은 레고랜드를 선호하지만 이곳은 스릴 넘치는 놀이기구가 많아 청소년과 어른들도 즐기기 좋다.

나바나노사토 なばなの里 (p.216)

나가시마 리조트에서 유일하게 떨어져 있는 시설로 사계절 내내 화려하게 꾸며진다. 계절별 다양한 꽃들이 부지를 채우는데, 꽃이 지는 겨울에는 일본 최대급 규모의 일루미네이션을 감상할 수 있다.

City

전망대에서 즐기는 도시 여행의 매력

현지인보다는 관광객이 즐겨 찾는 곳. 누군가는 전망대에 오르는 여행자를 촌스럽다 말한다. 하지만 그렇지 않다. 전망대를 찾는 건 낯선 도시와 사랑에 빠지는 가장 쉬운 방법이다. 탁 트인 전망이, 도시의 불빛들이 여행자에게 말을 건다. 이 계절의 이 시간은 이런 모습이라고. 그렇게 다른 계절과 다른 시간의 풍경까지 궁금해져 또 한 번 나고야를 찾을지도 모른다.

미들랜드 스퀘어

Midland Square (p.67)

미들랜드 스퀘어의 오피스동에는 옥외 전망대인 스카이 프롬나드가 자리한다. 지상 220m 높이에서 나고야역 주변은 물론 미라이 타워와 나고야성의 모습까지 볼 수 있다. 천장이 없어서 날씨의 영향을 많이 받는다는 점이 아쉽지만 화려한 도시의 불빛을 감상하기에는 그만이다.

히가시야마 스카이 타워

Higashiyama Sky Tower (p.131)

히가시야마 동 · 식물원 내에 있는 전망대다. 때문에 동물원과 식물원, 유원지를 내려다 볼 수 있는 위치다. 주변에 다른 높은 건물도 없어 탁 트인 시야를 자랑한다. '일본의 야경 유산', '야경 100선' 등에 선정됐지만 낮에 보는 풍경도 인상적이다.

포트 빌딩 전망대

ポートビル展望室 (p.173)

나고야항 수족관과 시 트레인 랜드 등 항구 주변의 명소와 풍경들을 두 눈에 담아보자. 나고야항 포트 빌딩 7층에 자리하며 잔잔한 바다는 하루 종일 바라봐도 질리지 않는다. 특별한 이벤트가 없는 이상 조용한 분위기에서 감상할 수 있다.

JR 센트럴 타워

JR Central Tower (p.66)

JR 센트럴 타워 15층에는 아는 사람만 알고 있는 전망대가 자리해 있다. 높은 위치가 아닌 탓에 시원스러운 전망까지 기대할 수는 없지만 이곳의 가장 큰 장점은 바로 무료라는 것! 하늘과 맞닿은 스카이라인이 아닌 도시의 분주한 움직임을 내려다보는 것도 또 다른 재미가 있다.

중부전력 미라이 타워

中部電力 Mirai Tower (p.103)

나고야의 랜드마크 중 하나인 미라이 타워는 실내 전망대는 물론 야외 전망대까지 갖추었다. 각각 지상 90m, 100m 높이에 위치하며 야외 전망대는 안전상 철조망으로 막혀 있다. 노을이 지는 때에 방문해 야경까지 감상하고 내려가는 것을 추천한다.

Walk

여행지에서 즐기는 일상 산책

관광명소를 방문하기보다 길을 걷고 차 마시며 일상적인 하루를 보내는 여행자들이 늘었다. 입장료 없이 누구나 방문할 수 있는 공원이나 산책하기 좋은 동네를 찾아 그곳에 있는 분위기 좋은 카페에서 여유를 즐기는 것은 어떨까. 매우 평범할 것 같지만 '여행'이라는 이름 하나로 새로운 느낌을 받을 수 있다. 낯설면서도 익숙한, 일상으로의 산책을 떠나보자.

메이조 공원

名城公園 (p.160)

나고야성을 중심으로 조성돼 있는 터라 천수각의 모습도 볼 수 있다. 조깅을 하거나 피크닉을 나온 시민들의 모습은 공원에 활기를 더한다. 또한 호수와 분수대, 풍차 등은 사진으로 남길 만한 좋은 배경이 돼준다.

가쿠오잔

覚王山 (p.128)

한적하다는 말이 잘 어울리는 동네다. 천천히 거닐면서 산책하는 것도 좋고, 거리에 늘어선 다양한 카페나 식당 등을 방문해 보자. 느긋하게 앉아 여유를 즐기기 그만이다. 그저 거리를 걷는 것만으로도 기분이 좋아질 것이다.

시케미치

四間道 (p.94)

이곳을 둘러보는 데 그리 많은 시간이 필요하진 않다. 하지만 걸으면 걸을수록 더 많은 정취를 느낄 수 있는 동네다. 오래된 건물에는 카페와 레스토랑, 상점 등이 들어서 있고 이색적인 풍경 덕에 현지의 젊은 층도 많이들 찾는다.

쓰루마이 공원

鶴舞公園 (p.150)

벚꽃이 한창인 시기에 나고야를 방문했다면 쓰루마이 공원으로 향해야 한다. '일본의 벚꽃 명소 100선'에 선정되었을 만큼 벚나무의 향연이 아름답다. 물론 벚꽃이 지더라도 계절별로 피어나는 꽃들을 구경하며 산책하기 좋다.

린쿠 비치

りんくうビーチ (p.192)

도코나메에 자리한 작은 해변으로 연인들의 산책 코스로 인기가 많다. 먹을거리를 사 들고 와 피크닉을 즐기거나 야자나무 아래에 앉아 가만한 시간을 보낼 수도 있다. 성수기가 아닌 이상 조용한 분위기이며 노을 지는 때가 특히 아름답다.

Nagoyameshi

그 이름도 유명한 나고야메시

나고야는 지역 특유의 요리들로 유명한데, 밥을 뜻하는 메시めし를 붙여 '나고야메시'라는 칭호가 있을 정도다. 오래전부터 이어져 온 향토 요리부터 특정 가게에서 시작돼 널리 퍼진 메뉴나 특이한 조합으로 이루어진 창작 요리까지, 그 수와 형태도 다양하다. 밥은 물론 면류, 술안주, 디저트까지… 나고야 여행에서 꼭 먹어야 할 음식 리스트를 만나보자.

히쓰마부시

(p.74, p.111, p.164, p.178)

바삭바삭한 장어구이를 잘라 밥 위에 가득 올린 장어덮밥. 처음에는 밥과 장어, 그다음에는 각종 양념을 넣어서, 다음으로는 차에 말아 먹고, 마지막에는 가장 마음에 드는 방법으로 먹는다.

기시멘

(p.74, p.178)

납작하고 얇은 면발이 특징인 면 요리다. 간장을 베이스로 해 국물을 내는 것이 일반적이나 된장과 소금을 이용한 육수도 있다. 기본 재료는 유부, 파, 어묵, 가다랑어 포 등이다.

미소돈가스

(p.140, p.151)

일본식 된장인 미소를 베이스로 한 소스가 특징이다. 식당마다 본인들의 특제소스를 이용해 손님을 불러 모은다. 나고야 음식에는 된장을 자주 사용하기 때문에 '나고야다운' 음식으로도 꼽힌다.

데바사키

(p.79, p.114)

닭날개튀김인 데바사키는 술안주로 그만이다. 간장을 베이스로 한 소스가 우리나라의 간장치킨을 떠올리게 한다. 다만 후추 향이 더 강한 편.

미소니코미 우동

(p.109, p.141)

이름에서 알 수 있듯 미소를 베이스로 국물을 낸다. 뚝배기에 보글보글 끓는 상태로 나오며 파와 유부, 어묵 등이 들어가 있다. 면발은 설익었다 느껴질 만큼 독특한 식감이다.

안카케 스파게티

(p.109)

햄이나 야채를 주재료로 하며 미트소스, 향신료, 녹말이 어우러진 걸쭉한 소스가 인상적이다. 겉모습은 물론 맛에 있어서도 어딘가 투박한 느낌인데 은근히 중독성 있다.

타이완 라멘

(p.75)

이름과 달리 나고야에서 탄생한 라멘이다. 한 식당에서 타이완 요리인 단자이미엔을 더 맵게 만든 게 시초가 되었다. 일본 음식치고는 꽤 매운 편이라 한국인의 입맛에도 잘 맞는다.

미소오뎅

(p.115)

된장 국물에 푹 끓여낸 오뎅이다. 시커먼 비주얼과 달리 그렇게 짜지 않고 나고야 사람들은 술안주나 반찬으로도 즐긴다. 무, 달걀, 두부, 곤약, 토란 등 취향에 따라 즐겨보자. 비슷한 음식인 곱창 조림 도테니도 유명하다.

텐무스

(p.142)

작은 새우튀김을 주먹밥으로 만든 요리다. 매우 심플한 구성임에도 은근히 맛있다. 나고야의 명물로 꼽히지만 실제로는 미에현의 쓰津라는 도시에서 탄생한 요리다.

오구라 토스트

(p.77, p.82)

단팥과 토스트라는 동서양의 만남이 재밌다. 모닝 메뉴가 준비돼 있는 카페에서 흔히 먹을 수 있는 메뉴이기도 하다. 따끈따끈한 토스트와 달달한 단팥의 조화를 느낄 수 있다.

오니만주

(p.129)

고구마를 사각형으로 잘라 밀가루 반죽과 함께 찐 것이다. 울퉁불퉁한 모양이 도깨비(오니) 뿔처럼 보인다고 해서 이러한 이름이 붙었다. 많이 달지 않고 탱탱한 식감을 지녔다.

Convenience Store Food

편의점 식도락 여행

여행자들 사이에서 열 식당 부럽지 않은 맛집(?)으로 소문나 있는 곳이 바로 편의점이다. 간단하게 한 끼 때우려는 목적이 아닌, 엄연히 맛있는 게 먹고 싶어서 찾기도 한다. 숙소로 돌아와 야식으로 즐기거나 다음 날 조식까지 챙겨도 좋다. 여행 중 간식으로, 또 한국으로 싸 들고 가기 위해 1일 1편의점은 일본 여행의 필수 코스나 다름없다.

밤에 먹는 컵라면은 0칼로리죠?

일정을 마치고 숙소로 돌아오기 전 편의점에 들러서 야식거리를 사 보자. 밤에 숙소에서 먹는 컵라면만큼 맛있는 게 없다. 살 찔 걱정은 내일로 미루면 된다. 그리고 맛있게 먹으면 0칼로리라는 말도 있지 않은가?!

다양한 컵라면 가운데 한국인 여행자들 사이에선 U.F.O 야키소바가 인기다. 아직 먹어보지 못했다면 꼭 한번 시도해 보자. 중독성 있는 짠맛으로 두 번, 세 번 먹게 될 테니. 또한 돈베이 키츠네 우동 역시 인기 아이템이다. 큼직한 유부가 들어 있고 분말스프와 시치미 양념을 넣어 먹는다. 나고야에 온 만큼 편의점에서도 나고야메시를 즐기고 싶다면 컵라면으로 재현한 타이완 라멘을 맛봐도 좋다. 많이 맵지 않고 적당히 얼큰한 맛이다.

적당히 즐기고 숙면하세요!

숙소에서 즐기는 편의점 맥주는 하루의 마무리로 그만이다. 하지만 무리하게 술을 마시다가는 다음 날 일정까지 흐트러질 수 있으니 양껏 마시고 기분 좋을 때 끝내자.

맥주도 좋지만 일본에 온 만큼 추하이를 마셔보는 것도 권한다. 증류식 소주에 탄산수와 과즙 등을 넣은 음료이며 맛은 물론 도수도 다양하다. 주량이 약한 여행자들 사이에서는 호로요이가 인기인데 알코올 도수가 3%라서 부담이 적다. 물론 8% 이상의 고알코올 추하이도 있다. 도수가 어떻든 적당히 마셔야 하는 점은 잊지 말자.

물은 여행자의 필수 아이템

특히 여름에 떠나는 여행이라면 컨디션 유지를 위해 수분 보충이 필요하다. 몇몇 호텔은 투숙객당 생수 한 병을 제공하기도 하나 일반적인 비즈니스호텔은 없을 때가 더 많다. 호텔 내 자판기를 이용하기보다 편의점에서 사 마시는 게 좀 더 저렴하다. 평범한 물이 싫다면 여행자들 사이에서 유명한 이로하스를 선택해 보자. 복숭아, 사과, 배 등 다양한 맛의 과즙이 첨가돼 있어 금세 한 병을 비우게 된다. 라벨에 아무 그림도 없는 건 일반 생수다. 화장실을 자주 갈까 봐 물을 멀리할 필요도 없다. 관광명소는 물론 지하철역, 백화점, 편의점 등에서 쉽게 이용할 수 있다.

간식은 역시 단·짠·단·짠

여행 중 편의점에서 주전부리를 사는 것만큼 소소한 재미도 없다. 그중에서도 자가리코는 바삭바삭한 식감이 맥주 안주로도 잘 어울려 인기다. 게다가 치즈, 명란버터, 버터감자, 샐러드 등 다양한 맛이 준비돼 있다. 또한 편의점에서 파는 당고도 쫀득쫀득한 식감에 더해 그 자체로 달면서 짠, '단짠'의 정석이다. 달달한 게 당긴다면 피노 아이스크림도 추천할 만하다. 녹차, 딸기 등 다양한 맛이 있고 오리지널의 경우 우리나라의 티코 아이스크림과 비슷한 맛이다. 양이 적어 아쉬울 따름. 죽순 모양의 초코송이 과자 다케노코노사토도 인기다.

조식은 침대 위에서 먹는 맛

나고야는 카페에서 즐기는 모닝 메뉴가 유명한데 대부분 오전 11시까지만 서비스하는 편이다. 느지막이 하루를 시작하는 여행자라면 편의점 빵이나 샌드위치로 침대 위 셀프 모닝을 즐기는 것도 나쁘지 않다. 이른 시각 열차나 버스를 타야 하는 여행자도 편의점 음식을 사 먹는 걸로 시간을 절약할 수 있다. 추천 메뉴는 달걀샌드위치와 돈가스샌드위치. 세븐일레븐, 로손, 패밀리마트 등 어디서든 평균 이상의 맛인데, 기왕이면 자체 브랜드 상품을 선택하자. 업체 간 경쟁으로 좋은 품질의 제품을 내놓는다. 특히 세븐일레븐의 알맹이 옥수수 스틱은 꼭 한번 먹어보자. 숙소에 전자레인지가 있다면 살짝 돌려 먹어도 좋다. 느끼한 맛이 싫다면 패밀리마트의 호두빵도 괜찮다. 다른 거 없이 호두만 들어갔는데 쫀득쫀득하면서 담백하다.

저렴하고 달콤한 디저트

디저트 강국으로 불리는 만큼 편의점 디저트도 맛있기로 유명하다. 특히 로손 편의점의 자체 브랜드 '우치 카페Uchi Café' 디저트류는 웬만해선 실패가 적다. 가장 유명한 제품은 일본 여행을 준비할 때 한 번쯤 들어봤을 모찌롤! 우리나라 편의점에서도 비슷한 제품을 판매하지만 원조의 맛은 어떤지 비교해보는 것도 좋다. 또한 크림 초코 트뤼프도 추천한다. 크림을 품은 초콜릿이 무척이나 부드러워 입안에 넣는 순간 사르르 사라진다. 패밀리마트와 세븐일레븐 등에도 자체 상품이 있으니 확인해 보자.

Drugstore

드러그스토어 쇼핑 리스트

여행에는 다양한 재미가 있는데 돈 쓰는 재미도 무시할 수 없다. 최근에는 수입도 되고 해외 직구도 가능하지만 직접 가서 사는 것만큼 즐겁기야 하겠는가! 의약품부터 화장품, 식품에 이르기까지 여행 간 김에 한국인 여행자들이 놓치지 않고 챙겨 오는 드러그스토어 제품들을 확인해 보자.

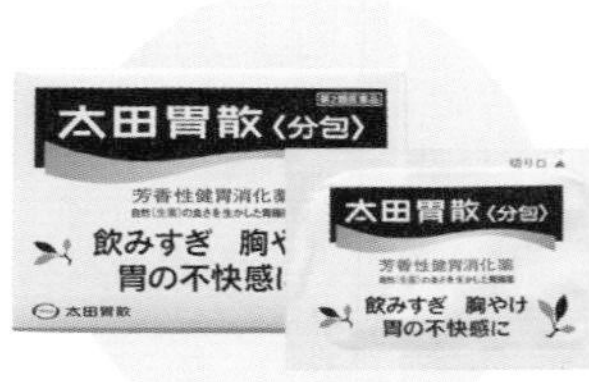

오타이산

일본의 국민 소화제이자 한국인의 쇼핑 필수품이다. 가루약 형태이며 캔에 든 것과 낱개로 포장된 패키지가 있다.

무히 호빵맨 패치

벌레 물렸을 때 부어오름과 가려움증을 진정시켜 주는 제품이다. 호빵맨 일러스트가 그려져 있어 아이들이 좋아한다. 어른들도 사용 가능하다.

카베진 알파

양배추 성분이 들어가 있어 위장 장애에 도움을 준다. 한국에도 수입되고 있지만 일본에서 구매하는 게 더 싸다.

로이히츠보코

크기나 모양 때문에 '동전파스'라고 불리며 어르신들을 위한 선물로 좋다. 파스를 붙이면 후끈한 온감 자극으로 통증과 뭉침 등이 나아진다.

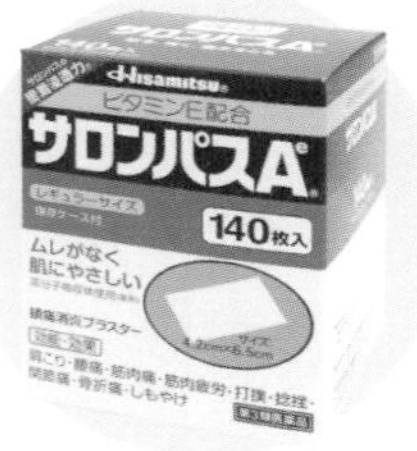

샤론파스

한국인 여행자들에게 인기 있는 제품이다. 신축성 있고 사이즈도 크지 않아 이용하기 편리하다. 물론 동전파스보다는 크다.

이브A EX

위장에 자극이 적은 진통제다. 각종 통증 중에서도 생리통에 효과가 크다. 증상에 따라 다양한 종류가 있는데, 두통이 심하다면 '이브 퀵'을 선택하자.

이노치노하하A

갱년기 증상에 도움을 주는 영양제다. 생약과 비타민, 칼슘 등을 함유하고 있으며 몸에 나타나는 증상부터 심리적인 부분까지 완화시킨다.

사라사라 파우더 시트

시트형 데오드란트로 여름철에 유용하다. 땀이 난 곳을 닦으면 파우더리하게 뽀송함이 유지된다. 장미 등의 여러 가지 향도 구비돼 있다.

메구리즘 아이마스크

따뜻한 온도가 10분 정도 유지되어 눈의 피로 및 충혈 완화에 도움을 준다. 라벤더, 유자 등 다양한 향이 있지만 향기에 민감하다면 무향을 선택하자.

휴족시간

뚜벅이 여행자들이 즐겨 찾는 제품이다. 종아리나 발바닥 등에 붙이고 자면 다음 날 아침 피로가 확실히 덜하다.

센카 퍼펙트 휩

쫀쫀한 거품과 저렴한 가격 덕에 인기가 많다. 다만 퍼펙트 휩은 세안용이니 메이크업을 지우려면 '퍼펙트 더블 워시'를 구매해야 한다.

시루콧토

약간 스펀지 같은 재질로 된 화장솜이다. 적은 양의 화장수를 이용해도 화장솜이 먹지 않고 피부에 충분히 흡수된다.

바브 입욕제

요통, 피로, 냉증 등에 도움을 주는 탄산 입욕제다. 물을 받은 욕조에 고체형 입욕제를 넣으면 된다. 좋은 향을 맡으며 릴렉싱할 수 있다.

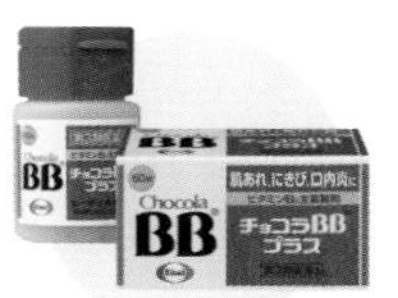

쇼콜라BB 플러스

피부 트러블과 구내염 등에 효과가 있는 피부용 종합 비타민이다. 활성형 비타민B2가 주 약제이며 피부 세포의 재생을 돕는다.

용각산

목에 좋은 19가지 허브 추출물로 만든 목캔디다. 목이 건조하거나 칼칼할 때 좋다. 봉지형과 스틱형으로 판매한다.

코로로

식감이 독특한 과일 맛 젤리로 마니아층이 두텁다. 부피가 작다 보니 선물용으로 여러 개를 살 수 있어 인기다.

야마야 명란마요네즈

빵에 발라 굽거나 샐러드 등에 뿌려 먹으면 좋다. 한국에서도 수입하고 있지만 품절인 경우가 많고 가격 차이도 난다.

산토리 위스키

하이볼을 좋아하는 여행자들이 직접 만들어 먹기 위해 많이들 구매한다. 한국에서는 두세 배 이상가로 판매되고 있다.

Souvenir

나고야에 다녀왔습니다! 기념품 구매

여행 가서 기념품을 챙기는 것도 은근히 수고스럽다. 휴가 내고 여행 간 게 소문나 회사에 돌릴 기념품이 필요하다면, 혹은 평소에 고마웠던 사람에게 줄 만한 괜찮은 선물을 찾고 싶다면 아래 품목을 눈여겨보자. 나고야에 다녀온 느낌을 팍팍 낼 수 있는 특산품부터 일본 여행에서 흔히 살 수 있는 기념품까지 모았다.

노리다케

홍차를 좋아하거나 그릇 모으는 취미가 있다면 노리다케 도자만큼 좋은 기념품도 없다. 노리다케의 숲(p.70)에 자리한 라이프스타일 숍에서 다양한 가격대로 판매한다.

우이로

쌀가루에 설탕을 넣고 찐 화과자로, 나고야메시에도 꼽힌다. 상온 보관이 가능해 선물용으로도 좋고 나고야역 기념품 숍과 오스상점가, 공항 등에서 살 수 있다.

새우전병

나고야가 있는 아이치현은 새우전병의 생산 및 소비가 가장 많은 곳이다. 특히 나고야에서는 게이신도桂新堂와 유카리ゆかり의 제품이 인기이며 포장도 고급스럽다. 공항에서도 구매 가능하다.

가에루 만주

우이로로 유명한 아오야기 소혼케(p.145)의 로고인 개구리 모양으로 만든 화과자다. 팥 앙금이 들어가 있는 평범한 맛이지만 귀여움에 많이들 사 간다.

아즈키 샌드 킷캣

일반적으로 녹차와 딸기 맛을 많이 사지만 각 지방의 특산물을 모티브로 한 제품도 확인해 보자. 나고야가 속한 도카이 지방에서는 오구라 토스트 맛이 나온다. 드러그스토어와 슈퍼마켓, 공항 등에서 구매할 수 있다.

나고야 프랑스

맛있는 것끼리 묶는, 나고야의 독특한 음식 문화를 잘 살린 과자로 평가받는다. 다쿠아즈와 찹쌀떡의 조합으로 바삭하면서도 쫀득한 식감을 지녔다. 녹차와 초콜릿 맛이 있고 선물하기에도 무난하다. 공항 등에서 판매한다.

마네키네코

외국인 관광객들이 일본 여행에서 가장 많이 사는 기념품 중 하나일 것이다. 어디서나 살 수 있지만 기왕이면 일본 최대급 마네키네코 산지인 도코나메산을 구입해 보자.

손수건

일본의 백화점에 가면 비비안웨스트우드, 랑방, 폴로 등의 브랜드 손수건을 1,000엔 내외로 살 수 있다. 포장까지 예쁘게 해주니 선물용으로도 좋다.

More&More 생활 잡화 추천 아이템

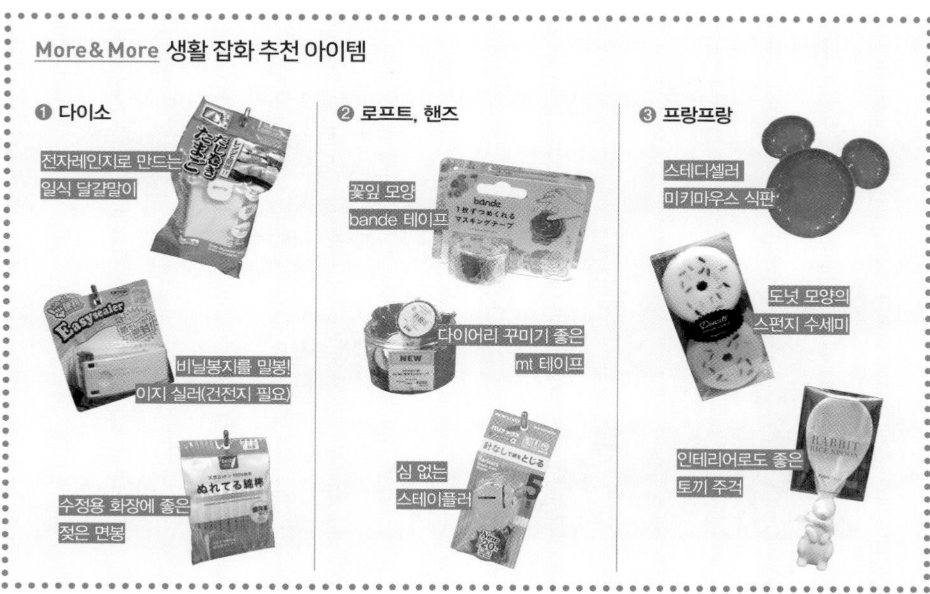

Try Nagoya !

2박 3일 짧고 굵게 치고 빠지기

짧은 휴가 동안 나고야의 핵심 명소와 맛집, 쇼핑 거리를 둘러보는 일정이다. 최대한 많이 보고 즐길 수 있게 오전 일찍 출국하는 항공편과 나고야역 주변에 자리한 숙소를 알아보자. 조금 바삐 움직이며 이곳저곳을 둘러보고 싶은 여행자에게 추천한다.

첫째 날 **중부국제공항**

⋮ 뮤스카이 28분

나고야역 (p.66)

⋮ 도보 이동

숙소 체크인

체크인 가능 시간이 정해져 있으면 짐만 맡기고 이동하자.

⋮ 도보 이동

점심 식사

마루야 혼텐 (p.74)

언제나 사람이 많아 공항의 지점을 이용한 후 시내로 들어오는 방법도 있다.

⋮ 도보 1분

나나짱 (p.83)

⋮ 도보+메구루버스 28분

나고야성 (p.158)

동쪽 출입구로 나오기

도보+지하철 12분

하브스 (p.108)

⋮ 도보 2분

중부전력 미라이 타워 (p.103)

⋮ 도보 4분

오아시스 21 (p.104)

⋮ 도보 7분

선샤인 사카에 (p.106)

관람차 탑승 여부는 선택!

⋮ 도보 6분

저녁 식사

토리카이 소혼케 (p.110)

⋮ 도보+지하철 15분

후라이보 (p.79)

테이크아웃

⋮ 도보 이동

숙소

고메다 커피 (p.76)

⋮ 도보 6분

나고야역

⋮ 메이테쓰 열차 8분

아쓰다 신궁 (p.176)

서쪽 출입구로 나오기

⋮ 도보+지하철 20분

점심 식사

야바톤 (p.140)

⋮ 도보 3분

오스상점가 (p.139)

커피와 디저트 사 먹기

⋮ 도보 이동

오스칸논 (p.138)

⋮ 도보+지하철 12분

저녁 식사

호루탄야 (p.115)

⋮ 도보 8분

돈키호테 (p.117)

⋮ 도보+지하철 이동

숙소

셋째 날

모닝 카페 리욘 (p.77)

모닝 메뉴 즐기기

⋮ 도보 이동

숙소 체크아웃

⋮ 도보 이동

나고야역

⋮ 뮤스카이 28분

중부국제공항

공항에서 점심 식사 후 출국

Tip 코인로커

나고야역이나 사카에역, 나고야죠역 등에는 코인로커가 자리한다. 다만 캐리어가 들어갈 정도의 크기는 몇 개 없고 꽉 차 있을 때도 많다. 때문에 호텔 등의 숙소에 맡기는 것이 마음 편하다. 관광객이 많은 역에는 한국어 안내도 잘되어 있어 이용하기 어렵지 않다.

Try Nagoya 2

2박 3일 친구와 함께 나고야메시 여행

"먹는 게 남는 것!"을 외치는 여행자를 위한 추천 루트다. 명소는 최소한으로 줄이고 나고야의 명물로 손꼽히는 음식들에 집중하자. 혼자보다는 둘 이상이 함께하는 것이 좋은데 여러 개를 시키고 나눠 먹어야 쉽게 지치지 않는다.

첫째 날 **중부국제공항**

⋮ 공항버스 55분

사카에 버스터미널

⋮ 도보 이동

숙소 체크인

체크인 가능 시간이 정해져 있으면 짐만 맡기고 이동하자.

⋮ 도보 이동

라시크 (p.120)

야바톤에서 점심 식사, 하브스에서 디저트

⋮ 도보 7분

중부전력 미라이 타워 (p.103)

& 오아시스 21 (p.104)

⋮ 도보+지하철 13분

오스상점가 (p.139)

길거리 음식 도장 깨기

⋮ 도보 이동

오스칸논 (p.138)

⋮ 도보 3분

저녁 식사

미소니코미 다카라 (p.141)

⋮ 도보+지하철 20분

세카이노야마짱 (p.114)

⋮ 도보 이동

숙소

둘째 날

가토 커피점 (p.112)

모닝 메뉴 즐기기

⋮ 도보 2분

히사야오도리역

⋮ 지하철 2분(도보 10분)

나고야성 (p.158)

구경 후 긴샤치요코초에서 점심 식사

⋮ 지하철 13분

나고야역 (p.66)

⋮ 도보 2분

다카시야마 게이트 타워 몰 (p.85)

스타벅스 (p.81)

창가 자리에서 시내 전망 감상

⋮ 도보 7분

나나짱 (p.83)

⋮ 도보 1분

저녁 식사

마루야 혼텐 (p.74)

⋮ 도보+지하철 15분

돈키호테 (p.117)

⋮ 도보+지하철 11분

시마쇼우 (p.115)

⋮ 도보 혹은 지하철 이동

숙소

셋째 날

고메다 커피

숙소에서 가까운 지점 이용

⋮ 도보 이동

숙소 체크아웃

⋮ 도보 이동

오아시스 21 버스터미널

⋮ 공항버스 55분

중부국제공항

공항에서 점심 식사 후 출국

마루하 식당 추천

Try Nagoya 3

2박 3일 사색하고 산책하는 나 홀로 여행

살다 보면 일에서, 사람에서 벗어나 온전히 혼자 있고 싶은 순간이 온다. 그럴 때는 짧게나마 여행을 떠나보는 것도 나쁘지 않다. 유명한 관광지보다는 혼자 있기 좋은 공간들을 찾아 오직 '나와의 시간'에만 집중해 보자.

첫째 날 **중부국제공항**

⋮ 뮤스카이 28분

나고야역 (p.66)

⋮ 도보 이동

숙소 체크인

체크인 가능 시간이 정해져 있으면 짐만 맡기고 이동하자.

⋮ 도보+지하철 이동

가쿠오잔 (p.128)

⋮ 도보 3분

점심 식사

자라메 나고야 (p.129)

⋮ 맞은편

셰 시바타 (p.128)

⋮ 지하철 10분

중부전력 미라이 타워 (p.103)

⋮ 도보 4분

오아시스 21 (p.104)

⋮ 도보 4분

저녁 식사

니기리노도쿠베 (p.110)

⋮ 도보+지하철 이동

숙소

둘째 날 **고메다 커피**

숙소에서 가까운 지점 이용

⋮ 지하철 이용

나고야역

⋮ JR 열차 30분

구와나역

⋮ 도보 1분

관광안내소

자전거 빌리기

⋮ 자전거 5분

점심 식사

우타안돈 (p.223)

⋮ 자전거 15분

록카엔 (p.221)

영화 〈아가씨〉 촬영지

⋮ 자전거 이용

구와나 산책

관광안내소에 자전거 반납

⋮ JR 열차 30분

나고야역

⋮ 도보 5분

카페 드 시엘 (p.81)

⋮ 도보 5분

저녁 식사

카페 앤 밀 무지 (p.82)

⋮ 도보+지하철 이동

숙소

셋째 날 **모닝 카페 리욘** (p.77)

모닝 메뉴 즐기기

⋮ 도보 이동

숙소 체크아웃

⋮ 도보 이동

나고야역

⋮ 뮤스카이 28분

중부국제공항

공항에서 점심 식사 후 출국

Try Nagoya 4

3박 4일 부모님을 위한 효도 여행

부모님과 함께하는 여행은 항공편, 숙소, 루트 선정 등에 있어 고려해야 할 부분이 두 배로 늘어난다. 가장 좋은 방법은 도보 이동은 줄이고 도시, 자연, 온천 등을 다양하게 보여드리는 것이다. 부모님의 체력적인 면이 걱정된다면 렌터카 여행도 고려해 보자.

첫째 날 **중부국제공항**

⋮ 뮤스카이 28분

나고야역 (p.66)

⋮ 도보 이동

숙소 체크인

체크인 가능 시간이 정해져 있으면

짐만 맡기고 이동하자.

⋮ 도보 이동

점심 식사

마루야 혼텐 (p.74)

⋮ 도보+메구루버스 14분

도요타 산업기술기념관 (p.72)

⋮ 메구루버스 4분

노리다케의 숲 (p.70)

⋮ 메구루버스 11분

나고야역

⋮ 도보 7분

저녁 식사

야나기바시 기타로 (p.79)

⋮ 도보 4분

미들랜드 스퀘어 (p.67)

스카이 프롬나드

⋮ 도보 이동

숙소

둘째 날 **숙소에서 조식**

⋮ 도보 이동

메이테쓰 버스센터

⋮ 메이테쓰 버스 50분

온천 및 점심 식사

유아미노시마 (p.219)

⋮ 도보 5분

미쓰이 아웃렛 파크 (p.220)

⋮ 메이테쓰 버스 20분

나바나노사토 (p.216)

관람 및 저녁 식사

⋮ 메이테쓰 버스 35분

메이테쓰 버스센터

⋮ 도보 7분

후라이보 (p.79)

테이크아웃

⋮ 도보 이동

숙소

셋째 날 **숙소에서 조식**

⋮ 도보 이동

나고야역

⋮ 지하철 10분

나고야성 (p.158)

구경 후 긴샤치요코초에서 점심 식사

⋮ 도보+지하철 12분

하브스 (p.108)

⋮ 도보 2분

중부전력 미라이 타워 (p.103)

⋮ 도보 4분

오아시스 21 (p.104)

⋮ 도보+지하철 12분

저녁 식사

우마이몬도리 (p.75)

⋮ 도보 이동

숙소

넷째 날 **조식 후 숙소 체크아웃**

⋮ 메이테쓰 열차 30분

도코나메역

짐 맡기고 이동(공항으로 출발 전 찾기)

⋮ 도보 3분

도코나메 마네키네코도리 (p.190)

⋮ 도보 10분

점심 식사

와비스케 (p.193)

⋮ 메이테쓰 열차 5분

중부국제공항

Try Nagoya 5

3박 4일 아이와 함께하는 가족 여행

아이의 행복을 우선시하여 루트를 짜는 경우가 많지만 뭐든지 부모가 행복해야 아이도 행복한 법이다. 아이들이 좋아할 만한 명소와 부모가 원하는 곳들을 적절히 섞어보자. 아이의 연령에 따라 렌터카 여행을 고려하는 것도 나쁘지 않다.

첫째 날 **중부국제공항**

⇣ 메이테쓰 열차 5분

도코나메역

관광안내소에 짐 맡기기

⇣ 도보 이동

도코나메 마네키네코도리 (p.190)

⇣ 도보 10분

점심 식사

와비스케 (p.193)

⇣ 메이테쓰 열차 40분

나고야역 (p.66)

⇣ 도보 이동

숙소 체크인

⇣ 도보 이동

다카시야마 게이트 타워 몰 (p.85)

디즈니 스토어, 도토리공화국,

산리오 기프트 게이트

⇣ 도보 7분

나나짱 (p.83)

⇣ 도보 1분

저녁 식사

마루야 혼텐 (p.74)

⇣ 도보 이동

숙소

둘째 날 **숙소에서 조식**

⇣ 도보 이동

나고야역

⇣ 아오나미선 23분

레고랜드 재팬 (p.179)

원칙적으로 음식물 반입 금지다.
단 눈에 띄지 않는 이상
가방 검사를 하진 않는다.
점심 식사는 테마파크 내 레스토랑이나
입장 전 메이커스 피어에서 해결하자.

⇣ 아오나미선 23분

카페 잔시아누 (p.78)

⇣ 도보 7분

저녁 식사

우마이몬도리 (p.75)

⇣ 도보 3분

미들랜드 스퀘어 (p.67)

⇣ 도보 이동

숙소

셋째 날 **숙소에서 조식**

⋮ 도보 이동

나고야역

⋮ 메구루버스 8분

도요타 산업기술기념관 (p.72)

⋮ 메구루버스 13분

나고야성 (p.158)

긴샤치요코초에서 점심 식사 후 구경

⋮ 메구루버스 16분

도쿠가와 정원 (p.161)

⋮ 메구루버스 15분

중부전력 미라이 타워 (p.103)

& 오아시스 21 (p.104)

⋮ 도보 6분

저녁 식사

마루하 식당 (p.111)

⋮ 지하철 10분

나고야역

⋮ 도보

숙소

넷째 날 **조식 후 숙소 체크아웃**

⋮ 도보 이동

나고야역

⋮ 뮤스카이 28분

중부국제공항

공항에서 점심 식사 후 출국

Try Nagoya 6

4박 5일 시간 부자의 여유로운 근교 여행

나고야 여행은 보통 2박 3일 혹은 3박 4일의 일정을 고려하는 편이지만 좀 더 시간을 내면 여러 근교 도시들도 둘러볼 수 있다. 시간이 많다는 건 볼거리도 늘어난다는 것을 의미한다. 최대한 많은 것을 보고 돌아올 수 있도록 여행을 준비해 보자.

첫째 날

중부국제공항

⋮ 뮤스카이 28분

나고야역 (p.66)

⋮ 도보 이동

숙소 체크인

체크인 가능 시간이 정해져 있으면 짐만 맡기고 이동하자.

⋮ 도보 이동

점심 식사

마루야 혼텐 (p.74)

⋮ 도보+메구루버스 27분

나고야성 (p.158)

⋮ 메구루버스 14분

도쿠가와 정원 (p.161)

⋮ 도보 6분

저녁 식사

조스이 (p.164)

⋮ 도보+메이테쓰 세토선 20분

중부전력 미라이 타워 (p.103) **& 오아시스 21** (p.104)

⋮ 도보+지하철 이동

숙소

둘째 날

나고야역

⋮ 역 내

에키카마 기시멘 (p.74)

⋮ 메이테쓰 열차 30분 내외

이누야마유엔역

⋮ 도보 17분

이누야마성 (p.202)

⋮ 도보 7분

이누야마 조카마치 (p.204)

쇼핑 및 점심 식사

⋮ 버스 20분

메이지무라 (p.206)

⋮ 버스 20분

이누야마역

⋮ 메이테쓰 열차 30분 내외

저녁 식사

미센 (p.75)

⋮ 도보 이동

숙소

셋째 날

고메다 커피 (p.76)
모닝 메뉴 즐기기
⋮ 지하철 16분
쓰루마이 공원 (p.150)
⋮ 도보 10분 이내
점심 식사
돈파치 (p.151)
⋮ 도보+지하철 12분
오스상점가 (p.139)
쇼핑 및 간식거리
⋮ 도보 이동
오스칸논 (p.138)
⋮ 도보 3분
저녁 식사
미소니코미 다카라 (p.141)
⋮ 도보+지하철 이동
숙소

넷째 날

호시노 커피점 (p.78)
모닝 메뉴 즐기기
⋮ 도보 4분
메이테쓰 버스센터
⋮ 메이테쓰 버스 50분
유아미노시마 (p.219)
온천 및 점심 식사
⋮ 메이테쓰 버스 20분
나바나노사토 (p.216)
관람 및 저녁 식사
⋮ 메이테쓰 버스 35분
메이테쓰 버스센터
⋮ 도보 7분
후라이보 (p.79)
⋮ 도보 이동
숙소

다섯째 날

하세 커피점 (p.82)
모닝 메뉴 즐기기
⋮ 도보 이동
숙소 체크아웃
⋮ 메이테쓰 열차 30분
도코나메역
짐 맡기고 이동(공항으로 출발 전 찾기)
⋮ 도보 10분
점심 식사
와비스케 (p.193)
⋮ 메이테쓰 열차 5분
중부국제공항

02

-

Enjoy Nagoya

나고야를 즐기는 가장 완벽한 방법

Around Nagoya Station

나고야역 주변

나고야역 주변
N
도요타 산업기술기념관
トヨタ産業技術記念館
이온몰 노리다케 가든
Aeon Mall Noritake Garden
노리다케 스퀘어
ノリタケスクエア
노리다케의 숲
ノリタケの森
노리다케의 숲 갤러리
ノリタケの森ギャラリー
웰컴센터
ウェルカムセンター
크래프트센터 · 노리다케 박물관
クラフトセンター・ノリタケミュージアム
메이에키도리 名駅通
소토보리도리 外堀通り
고조바시
五条橋
하세 커피점
ハセ珈琲店
카페 드 리옹
Cafe de Lyon
카페 드 사라
Cafe de Sara
카페 드 리옹 2호점
Cafe de Lyon Bleu
시케미치 四間道
에가와선 江川線
사이프레스 호텔 나고야 에키마에
Cypress Hotel Nagoya-eki Mae
코난
江南
나고야 메리어트 아소시아 호텔
Nagoya Marriott Associa Hotel
JR 나고야 다카시마야
JR Nagoya Takashimaya
카페 드 시엘
Café Du Ciel
핸즈
Hands
솔로 피자 나폴레타나
Solo Pizza Napoletana
하브스
Harbs
미센
味仙
다카시마야 게이트 타워 몰
JR Takashimaya Gate Tower Mall
스타벅스 JR 게이트 타워
Starbucks Coffee - JR Gate Tower
메이테쓰 인 나고야에키 신칸센구치
Meitetsu Inn Nagoyaeki Shinkansenguchi
시내버스 터미널
JR 게이트 타워
JR Gate Tower
다이나고야 빌딩
大名古屋ビルヂング
준쿠도 서점
ジュンク堂書店
로열 파크 캔버스 나고야
The Royal Park Canvas Nagoya
사쿠라도리 桜通
치선 인 나고야
チサン イン名古屋
미쓰이 가든 호텔 나고야 프리미어
Mitsui Garden Hotel Nagoya Premier
p.88 참고
p.88 참고
나고야역
名古屋駅
사쿠라도리 출입구
桜通口
비쿠카메라
ビックカメラ
관광안내소
다이코도리 출입구
太閤通口
라멘 혼고테이
らーめん本郷亭
JR 센트럴 타워
JR Central Tower
미들랜드 스퀘어
Midland Square
야나기바시 기타로
柳橋きたろう
야나기바시 중앙시장
柳橋中央市場
나고야 고속 도로 도심 환상선 名古屋高速都心環状線
에키카마 기시멘
驛釜きしめん
카페 잔시아누
Cafe Gentiane
메이테쓰 나고야역
名鉄名古屋駅
메이테쓰 백화점
名鉄百貨店
코메효
Komehyo
니시키도리 錦通
마루야 혼텐
まるや本店
야바톤
矢場とん
긴테쓰 나고야역
近鉄名古屋駅
미센
味仙
긴테쓰 팟세
近鉄パッセ
호시노 커피점
星乃珈琲店
천리마약국
千里馬薬局
메이테쓰 백화점 맨즈관
名鉄百貨店メンズ館
나나짱
ナナちゃん
모드 학원 스파이럴 타워
モード学園スパイラルタワーズ
히로코지도리 広小路通
애니메이트
Animate
로프트
Loft
무지
MUJI(無印良品)
카페 앤 밀 무지
Café & Meal MUJI
메이테쓰 그랜드 호텔
Meitetsu Grand Hotel
메이테쓰 버스센터
다이코도리 太閤通
다이와 로이넷 호텔 나고야 다이코도리구치
ダイワロイネットホテル名古屋太閤通口
모닝 카페 리욘
モーニング喫茶リヨン
맥스 밸류
Max Valu
다이소
ダイソー
프린스 호텔 나고야 스카이 타워
Prince Hotel Nagoya Sky Tower

• Information •

나고야역(名古屋駅) 주변

나고야 여행의 시작점이라 할 수 있다. 중부국제공항에서 열차를 타고 들어오거나 시내를 잇는 지하철역과 근교 도시로 향하는 열차 및 버스센터까지 자리한다. 또한 수많은 쇼핑센터와 유명 식당들이 여행자의 선택을 기다리고 있다. 언제나 사람들로 붐비지만 출퇴근 시간에는 검정색 정장을 입은 채 걸음을 재촉하는 회사원들의 모습이 눈길을 끈다. 복잡한 도시 안에서 획일화된 복장과 머리 스타일은 또 하나의 이색적인 풍경으로 다가온다. 현재 2027년 예정된 리니어 주오신칸센 시나가와-나고야 구간 완공에 맞춰 재정비 공사 중이라 향후 주변 모습이 크게 바뀔 예정이다.

드나들기

❶ 중부국제공항에서 나고야역으로 이동

열차

공항에서 나고야역까지는 메이테쓰 열차를 탑승한다. 열차의 종류는 뮤스카이, 특급, 준급, 급행 등이 있다(로컬열차는 모든 역에 정차하니 웬만하면 피하자). 그중 뮤스카이의 정차역이 가장 적고, 빠르게 이동할 수 있다. 또한 전 좌석이 지정석이기 때문에 다른 열차보다 비싸다. 특급열차는 일등석(1 · 2호차)과 일반석(3호차 이후)으로 나뉜다. 일등석은 지정석이며 기본 운임에 450엔이 추가된다.

티켓을 구입할 때는 노선도를 보고 목적지까지의 요금을 확인하는 것이 먼저다(공항 → 나고야역 980엔). 발매기에 지폐나 동전을 넣고 요금을 터치하면 표가 나온다. 뮤스카이는 창구에서 구매해야 한다. 지정석 표를 구매하지 못했다면 역무원에게 추가 요금을 지불하자.

소요 시간 및 가격

· 뮤스카이 ミュースカイ (μSky Ltd. Exp.) : 28분, 1,430엔
· 특급 特急 (Ltd. Exp.) : 37분, 980엔(일등석 1,430엔)
· 준급 準急 (Semi. Exp.) : 48분, 980엔
· 급행 急行 (Exp.) : 최대 53분, 980엔

공항버스

코로나 팬데믹 당시 전편 운휴에 들어갔던 공항버스는 2023년 10월부터 일부 경로(사카에 지역)에 한해 운행이 재개되었다. 메이테스 버스센터까지의 경로는 이용 상황을 감안하여 여전히 운휴 중에 있다. 재개 일정은 미정이므로 여행 전 한 번 더 확인해 보자.
참고로 운휴 전 경로에 따르면 공항에서 사카에 지역을 경유하여 메이테쓰 버스센터까지 약 1시간 30분이 걸렸다. 요금은 성인 1,500엔, 어린이 750엔. 열차를 이용하는 편이 시간과 금액을 모두 절약할 수 있다.
홈피 www.meitetsu-bus.co.jp/airport

택시

미터제로 운행되며 기본요금이 비싸다. 공항에서 나고야역까지는 약 1시간이 소요되고 예상 운임은 일반 17,500엔, 대형 23,500엔 정도다. 고속도로 통행료는 승객이 부담한다. 도로 사정에 따라 소요시간과 요금은 추가될 수밖에 없으며 22:00~05:00에는 20%의 추가요금이 붙는다.

❷ 시내 이동

지하철

지하철 나고야역은 히가시야마선東山線과 사쿠라도리선桜通線이 정차한다. 티켓은 자동발매기를 통해 구매할 수 있다(한국어 지원). 우리나라처럼 역 이름을 선택하는 것이 아니라 이동하는 역까지의 요금을 선택하는 시스템이다. 지하철 요금은 보통 210엔부터 시작되며 발매기 근처의 노선도에 명시돼 있다.
레고랜드나 리니어철도관에 가기 위해선 아오나미선あおなみ線 열차를 이용해야 한다. p.170 참고.

메구루버스

나고야역 시내버스터미널은 메구루버스メーグルバス 루트의 시작점이다. 나고야역 9번 출구 앞에서 'City Bus Terminal'이란 표지판이 보인다. 이를 보고 따라가면 터미널이 나오는데 메구루버스는 11번 승강장에서 탑승한다.
1Day 티켓은 탑승 시 운전기사에게 구매하면 되고, 가격은 성인 500엔, 어린이 250엔이다(1회 승차 시 성인 210엔, 어린이 100엔). 시간표 등의 자세한 사항은 홈페이지를 참고하자.
홈피 www.nagoya-info.jp/routebus

여행 방법과 추천 코스

나고야 중부국제공항에서 나고야역까지는 뮤스카이 열차로 30분 안에 도착한다. 공항과의 접근성이 좋아 나고야를 처음 방문한 여행자는 이곳 주변에 숙소를 구하는 게 좋다. 이누야마나 나가시마 리조트 등 나고야 근교 여행을 계획해도 마찬가지다. 메이테쓰, 긴테쓰, JR, 신칸센 열차 등이 지나는 데다가 메이테쓰 버스센터까지 자리하기 때문이다. 교통의 거점이다 보니 언제나 사람들로 붐비지만 이들 모두가 근교 여행을 떠나는 건 아닐 터. 나고야역 주변에는 '뭐'가 참 많다. 구경할 것이, 먹을 데가, 살 만한 게 많다는 말이다. 볼거리로는 노리다케의 숲과 도요타 산업기술기념관을 빼놓을 수 없다. 또한 수많은 상점과 레스토랑이 지상과 지하를 안 가리고 꽉꽉 채워져 있다. 도시 여행의 진수를 느껴보고 싶다면 미들랜드 스퀘어의 전망대에 올라 야경을 감상해 보자.

Writer's pick

고메다 커피(p.76) ···› 메구루버스 8분 ···› **도요타 산업기술기념관**(p.72) ···› 메구루버스 4분 ···› **노리다케의 숲**(p.70) ···› 메구루버스 11분 ···› **마루야 혼텐**(p.74) ···› 도보 1분 ···› **나나짱**(p.83) ···› 도보 3분 ···› **미들랜드 스퀘어**(p.67)

Tip

1 고메다 커피의 모닝 서비스는 오전 11시까지다. 늦잠을 잤다면 온종일 모닝 서비스를 제공하는 모닝 카페 리욘도 추천할 만하다. 다만 점내에서 흡연이 가능하니 담배 냄새에 민감하다면 피하자.

2 도요타 산업기술기념관과 노리다케의 숲은 월요일에 휴관한다. 메구루버스는 세 번 이상 탑승할 경우 1Day 티켓을 구매하는 것이 이득이다.

3 마루야 혼텐 등 인기가 많은 식당은 언제나 사람이 많아 식사 시간을 피하는 게 좋다.

More & More 지브리 파크

〈이웃집 토토로〉, 〈센과 치히로의 행방불명〉, 〈하울의 움직이는 성〉 등 스튜디오 지브리의 세계관을 구현한 지브리 파크가 2022년 11월 문을 열었다. 나고야에서 가까운 나가쿠테시에 자리하여 팬들의 발걸음이 이어지고 있다. 현재 '지브리의 대창고', '청춘의 언덕', '돈도코 숲', '모노노케 마을', '마녀의 계곡'까지 5개의 모든 시설이 공개되었다.

티켓 구매는 일시 지정의 예약제로 운영 중인데, 외국인 여행자가 예약을 진행하긴 쉽지 않다. 입장일 3개월 전 매월 10일부터 선착순 판매를 진행하며 Boo-Woo 사이트(크롬 번역 기능 이용)에서 예매한 후 로손, 미니스톱 편의점의 Loppi 기기에서 종이 티켓으로 교환하는 식이다(전자 티켓은 일본 전화번호 필요). 외국인용 티켓 예매처도 오픈했지만, 입장 지역과 시간이 한정돼 있다. 일본에 지인이 있다면 도움을 청하거나 국내 여행사에서 판매 중인 '숙박+지브리 파크' 패키지 상품을 구매하는 방법도 있다.

지브리 파크에 가는 법은 나고야역(또는 사카에역 등)에서 지하철 히가시야마선을 타고 후지가오카藤が丘역에서 내려 자기부상열차 리니모로 환승해 아이치큐하쿠키넨코오엔愛・地球博記念公園역에서 하차한다. 약 55분 소요. 또는 메이테쓰 버스센터 4층 24번 승차장에서 아이치큐하쿠키넨코오엔(지브리 파크)행 버스를 탈 수도 있다.

홈피 ghibli-park.jp

Sightseeing ★★★

나고야역 名古屋駅

일본 중부 지방 최대의 터미널 역이다. 크게 JR, 신칸센을 탈 수 있는 기차역과 메이테쓰, 긴테쓰, 지하철역으로 구분된다. 여러 노선이 겹치는 데다 JR 센트럴 타워와도 연결되는 구조라 매우 복잡하다. 메이테쓰와 긴테쓰를 타면 JR 센트럴 타워 쪽으로 나오게 되는데, 만남의 장소로 불리는 금시계가 있는 방향이다. 금시계 양편에 JR 나고야 다카시마야의 출입구가 있으며, 지하철 히가시야마선과 사쿠라도리선으로 연결되는 통로도 자리한다. 반대쪽으로 이어진 중앙통로를 따라가면 신칸센을 탈 수 있는 승강장이 나온다. 이곳에는 또 하나의 만남의 장소인 은시계가 자리한다. 금시계는 동쪽 사쿠라도리 출입구桜通口, 은시계는 서쪽 다이코도리 출입구太閤通口 방향에 있으니 표지판을 보며 잘 찾아가자. 중앙통로에는 관광안내소, 카페, 식당, 도시락 가게, 기념품점, 여행사 등이 있다.

주소 名古屋市中村区名駅1-1-4
전화 050-3772-3910

More & More JR 센트럴 타워의 무료 전망대

나고야역의 금시계와 마주한 에스컬레이터를 타고 올라가면 JR 센트럴 타워의 무료 전망대와 이어지는 엘리베이터가 보인다. 전망대는 15층이며(1 · 2 · 12 · 15층만 운행) 나고야 메리어트 호텔과도 연결된다. 다이나고야 빌딩과 미들랜드 스퀘어 등이 보이는데, 관람 인원이 많지 않아 조용조용한 분위기에서 나고야의 오피스 건물들을 감상할 수 있다. JR 게이트 타워 스타벅스와도 이어진다.

위치 금시계 맞은편 에스컬레이터를 타고 오른쪽 방향에 위치한 엘리베이터 이용
홈피 www.towers.jp

Sightseeing ★★★

미들랜드 스퀘어 Midland Square

지상 6층, 지하 5층으로 이루어진 상업동과 지상 47층, 지하 6층의 오피스동으로 나뉜다. 상업동은 루이비통, 까르띠에, 반클리프앤아펠 등의 고급 브랜드가 입점해 있다. 일식에서 양식까지 분위기 좋은 레스토랑과 벨기에 초콜릿 전문점 피에르 마르코리니, 도지마롤로 유명한 살롱 드 몽쉐르 등이 자리한다. 자막 없이 영화를 보는 데 무리가 없다면 5층의 영화관도 좋은 휴식처가 되어 준다.

오피스동에는 옥외 전망대인 스카이 프롬나드Sky Promenade가 있어 관광객들에게 인기다. E 엘리베이터를 타고 42층에서 내려 티켓을 구매한 뒤 에스컬레이터를 이용해야 한다. 나고야역 주변을 내려다볼 수 있고 멀리 나고야성의 모습도 보인다. 낮이나 밤이나 경치가 훌륭한데, 안개나 미세먼지가 심한 날은 피하자. 유리창과 난간 사이에 거리가 있는 데다가 천장이 없는 구조라 날씨에 영향을 받는 점이 아쉽다. 겨울에는 몹시 추우니 따뜻하게 입고 가자.

주소 名古屋市中村区名駅4-7-1
위치 나고야역에서 도보 5분 이내
운영 11:00~20:00
(레스토랑은 23:00까지)
휴무 1월 1일
전화 052-527-8877

Tip 스카이 프롬나드

날씨가 안 좋은 날에는 입장이 제한되며 새해 전날(12월 31일)에는 18:00까지 운영한다.

운영 3~12월 11:00~22:00,
1 · 2월 13:00~21:00

요금 성인 1,000엔, 중고생 500엔, 초등학생 300엔

Sightseeing ★★☆

다이나고야 빌딩 大名古屋ビルヂング

1965년 준공한 41m의 건물을 재건축해 2015년 174.7m 높이로 새롭게 태어났다. 주차장을 제외하면 지하 1층에서 지상 34층으로 이루어져 있으며 17층부터 34층까지는 오피스 건물이다. 지하 1층에서 지상 3층은 브랜드 매장과 잡화점, 카페 및 레스토랑 등이 입점해 있다. 나고야에서 유명한 식당들의 지점도 많은데, 여행객에게 인기인 곳은 솔로 피자 나폴레타나, 하브스, 히쓰마부시 나고야 빈초, 미센 등이다. 또한 5층의 야외 전망대 스카이 가든에서는 분주하게 움직이는 나고야역 주변을 감상할 수 있다. 높이가 높지 않아 탁 트인 전망을 기대할 수는 없지만 무료이기 때문에 부담 없이 들를 만하고 벤치도 마련돼 있어 쉬었다 가기 좋다.

주소 名古屋市中村区名駅3-28-12
위치 나고야역 사쿠라도리 출입구에서 도보 5분 이내
운영 11:00~21:00 (레스토랑 · 카페는 23:00까지) ※상점마다 영업시간 다름
전화 052-569-2604
홈피 dainagoyabuilding.com

More & More 사라진 비상!

일본의 신석기시대 토기 특징인 새끼줄 무늬를 소용돌이 구조물로 구현한 원뿔형 조형물 '비상'은 나고야시 100주년을 기념해 '과거에서 미래로의 발신'을 주제로 했다. 당시 세계 디자인 박람회가 개최됨에 따라 역 앞을 재정비하며 설치했기 때문에 나고야역 사쿠라도리 출입구에서 바로 보였었다. 그런데 나고야 주변 지역의 심볼이나 다름없던 이 비상이 사라졌다! 2027년 예정된 리니어 주오신칸센 시나가와-나고야 구간 완공에 맞춰 나고야역 주변을 재정비하고 있기 때문. 환승 장소와 보행자 거리가 한눈에 들어올 수 있도록 조성 중이라고 하니 향후 몇 년간 도시의 모습은 크게 바뀔 듯하다. 또 비상은 완전히 사라진 게 아닌, 추후 새로운 곳에 터를 잡고 재설치될 예정이다.

Sightseeing 

4

모드 학원 스파이럴 타워
モード学園スパイラルタワーズ

나고야역 주변에서 어김없이 눈에 띄는 나선형 건물이다. 보는 각도에 따라 다양한 인상을 받게 되는데, 하늘로 향하는 듯한 역동적인 모습과 비틀어진 곡선의 우아함이 공존한다. 건물은 패션 디자인, 컴퓨터 프로그래밍, 의료 분야의 교육 시설로 이용 중이다. 1층의 카페 및 편의점, 지하의 상점 등을 제외하면 일반인은 출입할 수 없다.

주소 名古屋市中村区名駅4-27-1
위치 나고야역 사쿠라도리 출입구에서 도보 6분

Sightseeing 

5

야나기바시 중앙시장 柳橋中央市場

나고야역 주변 빌딩숲 사이에 자리한 수산물 도매시장이다. 1910년에 성립되어 100년이 넘는 역사를 지녔다. 약 300개의 상점과 노점 등이 모여 있으며 수산물 이외에도 채소와 과일 가게 등이 자리한다. 시장은 오전 4시쯤 문을 열지만 이때는 상인들이 거래를 하는 시간이다. 오전 8시는 지나야 식사가 가능한 식당들이 문을 열고 현지인과 관광객의 발걸음도 늘어난다. 나고야역 주변에 머물 시 아침 일찍 방문해 시장의 활기를 느껴보자. 오후에는 몇몇 가게만 문을 열어 생생한 시장 분위기를 느끼기 어렵다.

주소 名古屋市中村区名駅4-11-3
위치 나고야역 사쿠라도리 출입구에서 도보 10분 이내
운영 월 · 화 · 목~토요일 04:00~10:00
휴무 수 · 일요일
전화 052-583-3811

Sightseeing ***

노리다케의 숲 ノリタケの森

명품 도자기 브랜드 노리다케의 고향 같은 곳이다. 1904년 노리다케 최초의 공장이 있던 부지로, 공장을 옮기면서 남아 있는 건물의 철거를 고민하던 중 창립 100주년을 기념해 공원으로 조성하였다. 당시의 건축양식이 엿보이는 붉은색 벽돌 건물은 미술관과 박물관, 체험 및 전시장 등으로 변모하였고, 관광명소로서 많은 이들의 발걸음을 이끌고 있다. 옛 공장의 모습을 상상하게 만드는 굴뚝과 가마 벽을 비롯해 분수대와 산책로, 작은 시냇물 등이 아름다운 쉼터를 이룬다. 나고야 시민들이 가족 단위로 나와 한가롭게 시간을 보내기도 한다. 레스토랑과 카페도 자리하며, 날씨 좋은 날에는 야외 테라스석을 이용하기 좋다. 카페와 숍은 연중무휴다. 부지 바로 옆에 이온몰도 자리해 있다.

주소 名古屋市西区則武新町3-1-36
위치 시내버스터미널 11번 승강장에서 메구루버스 이용
운영 화~일요일 10:00~18:00
휴무 월요일, 12월 26일~1월 3일
요금 무료(일부 공간 유료)
전화 052-561-7142
홈피 www.noritake.co.jp/mori

└→ 웰컴센터 ウェルカムセンター

브랜드 역사와 함께 이곳 시설을 안내하는 공간이다. 비디오 영상과 접시형 스크린을 통해 노리다케의 발자취를 소개하며, 팸플릿 등도 마련돼 있으니 본격적인 관광에 앞서 들러보자. 도자기 제조뿐 아니라 의료나 식품, 에너지 산업 등에서도 활약하고 있음을 소개한다.

운영 10:00~17:00

ㄴ크래프트센터 · 노리다케 박물관
クラフトセンター・ノリタケミュージアム

4층으로 된 건물에 크래프트센터와 박물관이 함께 자리한다. 크래프트센터에서는 도자기 제작부터 채색까지 노리다케의 기술과 전통을 눈앞에서 확인할 수 있다. 숙련된 기술자들이 작업 중에 있으므로 사진 촬영이나 방해하는 일은 금물이다. 체험 코너(유료)에서는 도자기에 직접 그림을 그려 넣을 수 있는데, 가마에 구워 완성되면 배송도 해준다. 해외 배송은 따로 요금이 부과된다. 박물관에서는 노리다케의 전신인 '올드 노리다케'의 도자기와 현재까지 만들어 온 수많은 접시들을 전시하고 있다. 크래프트센터와 다르게 사진 촬영이 가능하다.

운영 10:00~17:00
요금 성인 500엔, 65세 이상 300엔, 고등학생 이하 무료
※노리다케의 숲+도요타 산업기술 기념관 공통관람권 성인 800엔

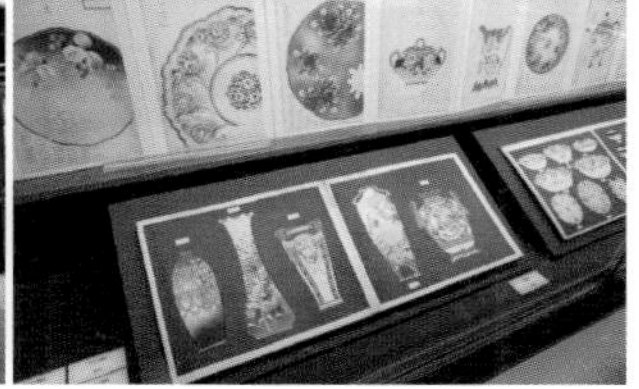

ㄴ노리다케의 숲 갤러리
ノリタケの森ギャラリー

도자기를 비롯하여 회화 및 조각 작품들을 감상할 수 있다. 출입구 앞에 전시 중인 기획전에 대한 포스터가 붙어 있으므로 관심이 있다면 들러보자. 유명 작가는 물론 일반 시민들의 작품도 전시한다. 무료이기 때문에 부담 없이 들러서 시간을 보내기 좋다.

운영 10:00~18:00
전화 052-562-9811

ㄴ노리다케 스퀘어 ノリタケスクエア

노리다케의 식기와 주방용품, 생활 잡화 등을 판매하는 라이프스타일 숍이다. 아웃렛 제품도 갖추고 있어 다양한 가격대의 상품이 여행자를 기다린다. 그릇 모으는 취미를 지녔다면 이곳에서 걸음을 옮기기 힘들 것이다. 오직 쇼핑만을 위해 노리다케의 숲을 찾는 사람도 많으니 마음에 드는 물건이 있는지 살펴보도록 하자.

운영 10:00~18:00
전화 052-561-7290

Sightseeing ★★★

도요타 산업기술기념관 トヨタ産業技術記念館

도요타 자동차의 창업자 도요타 기이치로의 탄생 100주년을 기념해 1994년 개관하였다. 도요타는 본래 방직기 제조사로 출발했으나 1933년 자동차 부서를 만들면서 업계에 뛰어들었다(1937년 독립). 방직기 제조 기술의 노하우가 도요타 자동차 기술의 전신이 된 셈이다. 때문에 기념관 로비에 들어서면 자동차가 아닌 방직기계를 먼저 만나게 된다. 이는 '연구와 창조 정신'을 나타내는 상징물이기도 하다. 기념관 내에는 크게 섬유기계관과 자동차관의 대형 전시실이 있으며 산업과 기술, 금속 가공, 테크노랜드 등의 코너로 이루어졌다. 그야말로 도요타의 과거와 현재, 미래를 확인할 수 있는 기념관이다. 어린이와 어른 모두가 즐길 만한 놀이시설 및 체험 등도 마련돼 있어 가족 단위의 관광객에게 추천한다. 전시장 바닥에는 견학 권장 노선이 그려져 있고, 한국어 음성 가이드도 대여해 준다.

주소 名古屋市西区則武新町4-1-35
위치 시내버스터미널 11번 승강장에서 메구루버스 이용
운영 화~일요일 09:30~17:00
휴무 월요일, 12월 29일~1월 3일
요금 성인 1,000엔, 중고생 300엔, 초등학생 200엔, 음성 가이드 대여 200엔
전화 052-551-6115
홈피 www.tcmit.org

Tip 입장료 할인

1. **도요타 산업기술기념관+노리다케의 숲 공통관람권** 성인 1,200엔
2. **대중교통 일일승차권 혹은 도니치에코 킷푸, 메구루버스 1Day 티켓 소지자** 20% 할인

↳ 섬유기계관 纖維機械館

로비의 방직기계를 지나 전시장 안으로 들어가면 방적과 직조 기술에 대한 소개가 본격적으로 이루어진다. 물레를 이용해 목화로부터 실을 만드는 방적 작업을 보여주기도 하고, 실제 가동되는 기계를 통해 직조 기술을 설명한다. 과거에서부터 현대에 이르는 직기 기술의 변천까지 확인할 수 있다.

↳ 자동차관 自動車館

도요타 자동차의 변천사를 볼 수 있는 공간이다. 자동차 사업 초기, 최초의 엔진 시험 제작 모습이나 1936년에 완성된 최초의 승용차 등이 전시돼 있다. 이곳 역시 실제 가동되는 기계가 관광객의 시선을 사로잡으며, 고무동력자동차를 만드는 체험 코너도 마련돼 있다. 초중생에 한해 1회만 참여 가능하다.

↳ 테크노랜드 テクノランド

어린이들을 위한 공간으로 섬유기계와 자동차의 과학 원리를 이용한 놀이기구들이 있다. 체험하다 보면 단순한 재미를 넘어 기계의 원리 등을 배우게 된다. 어른이 참여할 수 있는 기구는 제한돼 있으며, 주말과 공휴일 및 방학 기간에는 사전 접수를 통해 입장할 수 있다.

Food

1

마루야 혼텐 まるや本店

여행 정보 사이트 '트립어드바이저'의 사용자 평가에서 나고야 식당 부문 1위에 빛나는 히쓰마부시 맛집이다. 히쓰마부시는 둥그런 나무그릇에 밥과 장어가 담겨서 나오는데, 나무주걱으로 네 등분하여 네 가지 방법으로 즐길 수 있다. 장어와 밥만 먹는 방법과 김, 와사비, 파 등을 넣어 비벼 먹는 방법, 녹차를 부어 차에 말아 먹는 방법, 마지막은 가장 맛있었던 방법으로 먹으면 된다. 바삭바삭하면서도 부드러운 맛이 일품이다. 장어 요리인 만큼 가격은 좀 비싼 편이며 '상'과 '미니' 사이즈로 주문할 수 있다. 여행자는 메이테쓰 백화점의 지점이 접근하기 편리한데, 사람이 많을 때는 1시간 이상도 기다려야 한다. 시간적인 여유가 없다면 중부국제공항의 지점을 이용해도 좋다.

주소 名古屋市中村区名駅1-2-1
위치 메이테쓰 백화점 9층
운영 11:00~22:00
요금 히쓰마부시(미니) 3,150엔, 히쓰마부시(상) 4,950엔
전화 050-5492-9728
홈피 www.maruya-honten.com

Food

2

에키카마 기시멘 驛釜きしめん

나고야의 명물인 기시멘을 맛볼 수 있는 식당이다. 기시멘은 우동이나 라면과 달리 얇고 넓적한 면발에 식감 또한 다르다. 메뉴에 따라 간장, 소금, 된장 육수 중 선택할 수 있으며, 차갑게 먹는 메뉴도 갖추었다. 기시멘을 처음 먹어본다면 간장 육수를 추천하지만 된장 육수의 진한 맛도 먹어볼 만하다. 인기 메뉴는 덴푸라 기시멘과 미소 기시멘 등이고, 단품만 먹기 아쉽다면 덴무스가 추가되는 세트 메뉴도 고려해 보자. 추가 요금을 내면 곱빼기 사이즈도 가능하다. 인기가 많아 대기 시간이 있을 때도 있지만 음식이 빨리 나오고 회전율도 빠르다. 나고야역 중앙통로에 자리하고 있어서 찾기도 쉽다.

주소 名古屋市中村区名駅1-1-4
위치 나고야역 중앙통로
운영 07:00~22:00
요금 미소 기시멘 800엔
전화 052-569-0282

Food

미센 味仙

타이완 라멘은 이름과는 다르게 나고야를 대표하는 음식이다. 미센은 그 시초가 되는 가게로, 처음에는 손님이 아닌 직원들끼리 먹던 메뉴였다. 타이완 요리인 단자이미엔을 더 맵게 만들었는데, 반응이 괜찮아 정식 메뉴가 된 것이다. 메뉴를 고안한 이가 타이완 사람이었기 때문에 이름도 타이완 라멘이 되었다. 이후 나고야의 다른 가게에서도 비슷한 메뉴를 만들었고 명칭까지 그대로 하여 '타이완에는 없는' 타이완 라멘이 정착하였다. 본점은 번화가에서 조금 떨어져 있고 낡은 느낌이라 비교적 최근에 생긴 나고야역 주변 지점을 추천한다. 다이코도리 출입구 방향 우마이몬도리나 다이나고야 빌딩의 지점을 이용해 보자. 본래 중국집이기 때문에 볶음밥, 마파두부, 교자 등의 메뉴도 있으며, 타이완 라멘은 양이 적은 편이니 참고하자.

주소 名古屋市中村区名駅1-1-4
위치 나고야역 다이코도리 출입구 방향 우마이몬도리
운영 11:00~22:00
요금 타이완 라멘 920엔~
전화 052-581-0330
홈피 www.misen.ne.jp

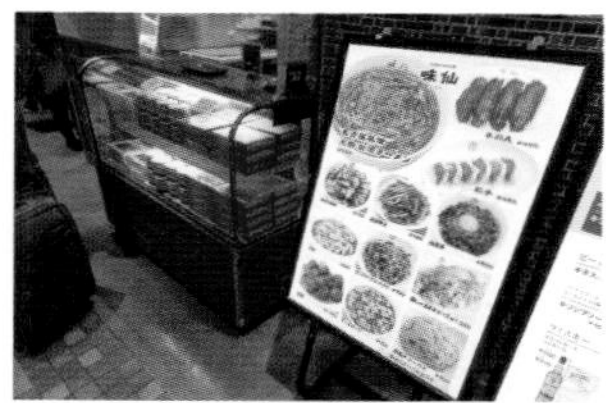

More & More 나고야역 맛집 거리, 우마이몬도리

우마이몬도리うまいもん通り는 나고야역 내에 위치한 레스토랑 거리다. 나고야역 중앙통로 주변과 다이코도리 출입구 주변에 자리한다. 일식, 중식, 양식은 물론 패스트푸드와 도시락까지 판매하니 기차를 타기 전에 잠시 들러도 좋다. 또한 미센, 마루야 혼텐, 야마모토야 혼텐 등 나고야의 유명 식당들이 모여 있어 이곳저곳 둘러볼 시간적인 여유가 없는 여행자에게도 유용하다. 스타벅스, 도토루 등의 커피 체인점과 베이커리도 만나 볼 수 있다. 참고로 상점마다 영업시간이 다르다.

Food

4

고메다 커피 コメダ珈琲

1968년 나고야에서 처음 시작된 카페로, 본래 개인이 운영하는 다방이었다. 1970년부터 프랜차이즈 사업을 시작하여 현재는 나고야뿐 아니라 일본 내 여러 지점을 두고 있다. 이곳 카페가 유명한 이유는 오전 11시 이전에 음료를 주문하면 추가 비용 없이 토스트를 먹을 수 있는 모닝 메뉴가 있기 때문이다. 토스트는 삶은 달걀이나 달걀샐러드 혹은 팥을 곁들일 수 있다. 모닝 이외에도 고메다 커피의 대표 메뉴인 시로노와루シロノワール 또한 인기다. 따뜻한 데니시 페이스트리 위에 소프트아이스크림과 체리를 올리고 시럽을 뿌려 먹는 디저트이며, 그 달달함이 블랙커피와도 잘 어울린다. 프랜차이즈이다 보니 어느 지점을 가든 비슷한 인테리어로 꾸며져 있고 메뉴나 분위기 모두 수수한 느낌이다. 몇 년 전까지는 금연석과 흡연석이 구분돼 있었으나 현재는 전 좌석 금연으로 바뀌었다. 사람이 많을 때는 명단에 이름과 인원수를 적고 기다려야 한다.

주소 名古屋市中村区椿町6-9
위치 에스카 지하상가 내 위치
운영 07:00~22:00
요금 블렌드 커피 540엔, 시로노와루 770엔
전화 052-454-3883
홈피 www.komeda.co.jp

Tip 금연석과 흡연석

한국은 식당이나 카페 등의 업소에서 실내 흡연을 금지하고 있지만, 일본은 아직도 흡연을 허용하는 가게가 남아 있다. 그런 곳은 점원이 금연석과 흡연석 중 어디에 앉을 건지 묻는다. 금연석은 긴엔세키禁煙席, 흡연석은 기츠엔세키喫煙席라고 하니 원하는 쪽을 대답하자. 대기 시간이 있어 명단에 이름을 적어야 하는 경우에도 금연석과 흡연석 혹은 어디든 상관없다는 선택지 가운데 원하는 쪽에 체크할 수 있다. 단, 흡연석이 별도로 있다고 해도 간접흡연을 피하긴 어렵다.

Food
5

모닝 카페 리욘 モーニング喫茶リヨン

모드 학원 스파이럴 타워 맞은편 건물의 반지하에 위치한다. 가게 이름에서 알 수 있듯 모닝 메뉴를 전문으로 하지만 아침뿐 아니라 하루 종일 주문 가능하다. 모닝 메뉴는 음료 한 잔을 주문하면 여섯 가지 종류의 프레스 샌드プレスサンド 가운데 한 가지를 선택할 수 있다. 그중 꿀에 잰 팥고물 소를 넣은 오구라앙小倉あん 샌드가 인기다. 프레스 기계로 눌러서 구워내 바삭하면서도 달콤하다. 오픈 전부터 긴 줄이 늘어서 있을 만큼 인기가 많다. 이른 아침이 아닌 애매한 시간대에 찾아야 기다림이 적다. 실내 흡연이 가능한 점도 참고하자.

주소 名古屋市中村区名駅南1-24-30
위치 나고야역 사쿠라도리 출입구에서 도보 6분
운영 08:00~16:00
요금 모닝(블랙커피+샌드위치) 480엔
전화 052-551-3865

More & More 카페에서 모닝을!

나고야에는 이른 아침부터 문을 여는 카페가 많고 방문하는 사람도 여럿이다. 출근 전 잠시 들러 요기를 하거나 휴일에는 온 가족이 카페로 나와 아침 식사를 한다. 이는 나고야의 카페에서 볼 수 있는 모닝 메뉴 덕분인데, 줄여서 '모닝'이라고 부른다. 보통 커피 한 잔을 시키면 토스트와 함께 삶은 달걀이나 샐러드가 나오는 구성이다. 이러한 모닝 서비스는 시간별 혹은 풀타임 등으로 다양하게 제공되며 나고야 시민들의 곁으로 다가갔다. 모든 카페에 있는 메뉴는 아니지만 하나의 문화로 자리 잡은 셈이다. 이들에게 있어 카페는 단순한 휴식과 대화의 장소를 넘어 삶의 일부가 녹아 있는 공간이라 할 수 있다.

Food

6

카페 잔시아누 Cafe Gentiane

나고야역 중앙통로에 자리하고 있는 카페로, 병아리 모양의 피요링ぴよりん 푸딩이 유명하다. 시즌이나 이벤트에 따라 다양한 모습으로 변신해 딸기 맛, 녹차 맛 등이 판매되기도 한다. 피요링은 나고야코친 달걀을 사용하는데, 특유의 진한 맛 때문인지 호불호가 갈리는 편이다. 하지만 귀여운 외모 덕에 언제나 인기가 많다. 늦은 시간대에는 품절되는 경우가 많으니 일찍 찾아가야 한다. 근처에 테이크아웃 전문 피요링 숍도 자리한다.

주소 名古屋市中村区名駅1-1-4
위치 나고야역 중앙통로
운영 07:00~22:00
요금 피요링 420엔
전화 052-533-6001

More & More 피요링 다잉

피요링을 테이크아웃하면 아이스 팩과 함께 꼼꼼히 포장해 준다. 그런데 평소에 자신이 부주의함의 아이콘으로 불린다거나, 아직 몇 시간은 더 돌아다닌 후 숙소로 돌아갈 예정이라면 테이크아웃 전 한 번 더 생각해 보자. 피요링은 작고 연약한 존재다. 입속에 들어가면 끝이긴 하지만 아직 사진을 남기지 못한 상황이라면 애정을 담아 모셔 가야 한다. 포장 상자를 열었을 때 지쳐 쓰러진 피요링을 발견하고 싶지 않다면!

Food

7

호시노 커피점 星乃珈琲店

일본 전역에 자리한 커피 체인점으로 핸드드립 커피, 모닝 세트(11:00까지), 수플레 팬케이크가 인기다. 모닝 메뉴는 토스트와 삶은 달걀부터 프렌치토스트, 미니 팬케이크 등을 갖추었고, 블렌드 커피나 아메리카노, 아이스티, 주스 등의 음료 중 한 가지를 선택하면 된다. 지점에 따라 흡연실이 있기도 한데, 이곳은 금연이다. 칸막이가 있는 테이블과 푹신한 소파 등이 편안한 느낌을 준다. 아침에 잠시 들러 요기를 하고 가는 이들도 많지만 식사는 물론 디저트 메뉴까지 갖추고 있어 점심시간 이후로도 많은 사람들이 찾는다.

주소 名古屋市中村区名駅店4-27-1
위치 모드 학원 스파이럴 타워 지하 1층
운영 08:00~20:00
요금 모닝 세트 500~900엔
전화 052-581-2678
홈피 www.hoshinocoffee.com

Food

8

야나기바시 기타로 柳橋きたろう

야나기바시 중앙시장 입구 근처에 자리한 스시집이다. 오래돼 보이는 건물과 달리 실내는 깔끔하게 꾸며져 있고, 품질 좋은 해산물 요리를 내놓는다. 카운터석에 앉으면 주방장의 솜씨를 구경하며 지루할 틈 없이 식사할 수 있다. 손님들에게 이것저것 묻거나 대답하는 등 친근한 분위기다. 이곳 스시는 밥의 양이 적은 편이며 평일에는 보다 저렴한 점심 메뉴도 갖추고 있어 부담 없이 즐길 만하다. 스시 이외에는 가이센바라지라시海鮮ばらちらし를 추천한다. 성게, 참치, 연어, 새우, 가리비 등이 꽃잎을 흩뿌린 듯 알록달록한 색감을 자아내고 재료의 신선함이 느껴지는 '바다의 맛'을 즐길 수 있다.

주소 名古屋市中村区名駅4-16-23
위치 나고야역 사쿠라도리 출입구에서 도보 7분
운영 화~일요일 11:00~15:00, 17:00~22:00 **휴무** 월요일
요금 가이센바라지라시 2,750엔
전화 052-485-4764

Food

후라이보 風来坊

나고야에 처음으로 데바사키를 선보인 원조 가게다. 현재는 세카이노야마짱과 쌍벽을 이루며 일본 각지에 지점을 두고 있다. 나고야역은 물론 사카에역 주변에도 여러 곳 자리한다. 짭짤한 양념이 맥주와도 잘 어울리며, 우리나라의 간장치킨과 크게 다르진 않다. 뼈 발라 먹는 법을 사진과 함께 소개하지만 치킨에 익숙한 한국인에게 설명 따윈 필요 없을 터. 늘 먹던 방법으로 맛있게 즐기면 된다. 닭날개 안에 만두소를 채워 튀긴 데바사키 교자도 추천한다. 자리에서 터치패널로 주문 가능하고 대기하는 사람이 많다면 테이크아웃을 해도 좋다. 가게 안에서 먹을 시 자릿세 개념의 기본 안주가 따라붙는다.

주소 名古屋市中村区椿町6-9
위치 에스카 지하상가 내 위치
운영 11:00~22:00
요금 생맥주(小) 460엔, 데바사키(5개) 650엔
전화 052-459-5007
홈피 www.furaibou.com

Food

코난 江南

1959년에 창업한 전통 있는 가게다. 본점은 야나기바시 중앙시장 부근에 있지만 관광객에게는 JR 센트럴 타워 지점이 접근하기 편리하다. 인기 메뉴인 라멘らーめん은 닭 뼈와 돼지 뼈로 육수를 내고 간장을 베이스로 하여 깔끔한 국물 맛을 자랑한다. 면발은 가는 편이나 두툼한 차슈(돼지고기 구이)와 다진 파, 콩나물 등이 식감을 더한다. 적당히 기름지고도 깊은 맛을 느낄 수 있으며 식사 시간대에 혼자 오는 손님도 많다. 점심에는 세트 메뉴도 주문 가능하고 라멘만 먹기 아쉽다면 교자 메뉴도 주문해 보자. 철판에 구워져 나오는 교자나 표고버섯, 돼지고기 등이 들어간 춘권도 추천할 만하다.

주소 名古屋市中村区名駅1-1-4
위치 JR 센트럴 타워 13층 식당가
운영 11:00~22:00
요금 라멘 970엔
전화 052-586-0252
홈피 konan-nagoya.jp

Food

11

라멘 혼고테이 らーめん本郷亭

나고야를 대표하는 돈코츠 베이스 라멘집이다. 나고야역 근처에 위치하여 접근성이 좋다. TV프로그램 〈맛있는 녀석들〉을 통해 한국에도 소개된 적 있다. 평일 점심 한정으로 밥과 절임류(김치 등)를 무제한으로 제공하며 이 시간대에는 근처의 직장인들도 많이 찾는다. 다만 김치는 한국에서 먹는 맛을 기대하면 안 된다. 식권 자판기를 통해 주문하는 시스템이다. 일본어를 잘 몰라도 벽면 등에 부착된 사진과 번호를 확인하면 쉽다. 현지인들에게는 '파이탄 라멘白湯らーめん'이 인기다. '시센 라멘四川らーめん'은 '맵찔이'가 아닌 이상 한국인 입에는 맵지 않다. 진한 육수와 꼬들꼬들한 면발이 특징적이며 부드러운 차슈도 맛있다. 여름 한정으로 중화냉면도 판매한다. 짠맛을 싫어한다면 전체적으로 입에 맞지 않을 수 있다.

주소 名古屋市中村区椿町5-12
위치 나고야역 다이코도리 출입구에서 도보 3분. 비쿠카메라 뒤편
운영 11:00~14:30, 18:00~23:00
요금 파이탄 라멘 950엔, 시센 라멘 980엔
전화 052-452-7200
홈피 hongotei.com

Food

⑫

카페 드 시엘 Café Du Ciel

JR 나고야 다카시마야 51층에 자리한 카페로, 식사 메뉴와 케이크 등의 디저트를 판매한다. 높이와 비례하게 가격대도 높은 편. 그럼에도 이곳이 사랑받는 이유는 여느 전망대 못지않은 경치를 자랑하기 때문이다. 날씨 좋은 낮이나 해가 질 때, 혹은 야경도 훌륭하니 대기 시간이 있더라도 창가 자리를 추천한다(직원이 원하는 좌석을 물음). 음식이나 음료 맛이 특별한 건 아니지만 맛보다는 분위기를 먹는(?) 곳이라 할 수 있다. 케이크를 주문하면 직원이 트레이에 샘플을 들고 와 선택을 돕는다. 혼잡 시에는 90분의 시간제한이 있다. 51층은 12층이나 13층 식당가의 특정 엘리베이터를 타야 하므로 백화점 내 안내데스크나 층별 안내 지도를 확인하자.

주소 名古屋市中村区名駅1-1-4
위치 JR 나고야 다카시마야 51층
운영 10:00~22:00 요금 블렌드 커피 880엔~
전화 052-566-8924
홈피 www.cafe-eikokuya.jp

Food

⑬

스타벅스 JR 게이트 타워 Starbucks Coffee - JR Gate Tower

한국과 마찬가지로 일본도 거리 어디에서나 스타벅스를 찾아볼 수 있지만, 이곳이 특별한 이유는 근사한 도시 전망을 감상할 수 있기 때문이다. JR 게이트 타워 15층, 나고야에서 가장 높은 위치에 자리한 스타벅스다. 당연하게도 창가 자리와 야외 좌석이 인기다. 날씨가 좋은 날에는 자리 선점이 어렵다. 직원들과 영어 소통이 가능하고 리저브 매장이라 좀 더 다양한 음료와 디저트 메뉴, MD 등을 갖추었다. 다만 멋진 전망을 볼 수 있는 곳답게 매시간 손님들로 붐비는 편이다. 특히 야경을 보러 오는 사람들이 많다. 창가 자리를 원한다면 평일 낮 시간대에 도전해 보자.

주소 名古屋市中村区名駅1-1-3
위치 JR 게이트 타워 15층. 다카시마야 게이트 타워 몰에서 게이트 타워 셔틀(엘리베이터) 이용
운영 07:00~22:00
요금 아메리카노(Tall) 445엔~
전화 052-589-2834
홈피 store.starbucks.co.jp

Food

하세 커피점 ハセ珈琲店

카페보다는 다방이라는 말이 잘 어울리는 곳으로, 손님들의 연령대도 높은 편이다. 1954년 개점하여 현지인들의 꾸준한 사랑을 받아오고 있으며, 나고야메시 중 하나인 오구라 토스트가 인기다. 이른 아침부터 문을 여는 만큼 모닝 세트(07:30~10:30)도 갖추었는데, 추가 금액에 따라 구성이 조금씩 다르다. 음료 값에 200엔을 추가하면 오구라 토스트와 삶은 달걀, 요구르트까지 즐길 수 있다. 한 면 가득 올라온 팥 앙금과 블렌드 커피의 조화는 그야말로 절묘하다.

주소 名古屋市西区名駅3-11-2
위치 나고야역 사쿠라도리 출입구에서 도보 8분
운영 월~토요일 07:30~17:00
휴무 일요일, 첫째 주 토요일
요금 블렌드 커피 500엔~
전화 052-551-4847

Food

카페 앤 밀 무지 Café & Meal MUJI

무지에서 운영하는 카페로, 식사와 음료, 술, 디저트 메뉴까지 갖추었다. 테이블과 식기, 조명 모두 무지 제품을 사용하고, 브랜드 이미지처럼 깔끔한 분위기다. 사람이 많을 때는 직원의 안내에 따라 자리를 배정받는다. 테이블 위에 자리표를 두고 주문을 하러 가면 된다. 밥과 된장국이 포함된 세트에 반찬 3개를 고르거나 무인양품의 인기 제품인 버터 치킨 카레에 반찬을 선택하는 식이다. 밥은 백미와 잡곡 중 선택할 수 있고 양 조절도 가능하다. 전체적으로 양이 많은 편은 아니고 편안한 분위기에서 식사가 가능해 혼자 오는 손님도 많다. 식사 후 트레이는 리턴 공간에 반납하면 된다.

주소 名古屋市中村区名駅1-2-4
위치 메이테쓰 백화점 맨즈관 6층
운영 10:00~20:00
요금 반찬 3품 세트 1,150~1,350엔
전화 052-588-5861
홈피 cafemeal.muji.com/jp

Shopping

메이테쓰 백화점 名鉄百貨店

1954년에 개장한 백화점으로 화장품과 의류, 잡화 매장 등이 있는 본관과 남성용 브랜드 위주의 맨즈관으로 나뉜다. 본관 9층에는 마루야 혼텐, 야바톤 등 나고야의 명물을 맛볼 수 있는 식당들이 자리한다. 현지인은 물론 관광객도 많아서 식사 시간대에는 대기 시간이 있는 편이다. 지하 1층에는 식료품점이 자리하고 나고야의 특산물을 비롯해 일본 내에서도 인기인 홋카이도 특산물도 만나 볼 수 있다. 또한 맨즈관 5층의 로프트도 많은 사람들이 찾는다. 스티커나 엽서 등 주변 사람들에게 줄 만한 가벼운 선물을 구입하기 좋다. 맨즈관 6층에는 무지가 자리하며 한국에서 판매하는 가격보다 저렴한 편이다. 메이테쓰 그랜드 호텔은 맨즈관 1층 출입구 옆에 전용 출입구(엘리베이터)가 있다.

주소 名古屋市中村区名駅1-2-1
위치 메이테쓰 나고야역에서 연결
운영 10:00~20:00
(레스토랑 11:00~22:00)
휴무 1월 1일
전화 052-585-1111
홈피 www.e-meitetsu.com

↳ 나나짱 ナナちゃん

메이테쓰 백화점은 1972년 젊은 층을 공략하여 세븐관을 오픈했다. 이후 1주년을 기념하며 6.1m의 거대한 마네킹을 세웠는데, 그 이름도 세븐과 연관 지어 '나나(일본어로 숫자 7)'라고 지었다. 세븐관은 영관으로 개칭된 후 현재는 폐관되었지만 나나짱은 나고야의 상징적인 존재로 남아 만남의 장소로 이용되고 있다. 시기에 따라 수영복이나 산타 의상, 졸업 가운 등으로 옷을 갈아입고, 교통안전이나 화재예방 등의 캠페인 어깨띠를 두르며 언제나 시선을 사로잡는다.

위치 메이테쓰 백화점 맨즈관 1층
출입구 앞

Shopping

JR 나고야 다카시마야 JR Nagoya Takashimaya

JR 센트럴 타워 빌딩의 지하 2층부터 지상 11층에 자리한 백화점으로 51층의 프리미엄 라운지도 운영한다. 일본의 백화점에 가면 유명 브랜드 손수건을 모아놓고 판매하는 공간이 자주 보이는데, 이곳 역시 1층에서 만나 볼 수 있다. 손수건은 1,000엔 내외로 구매 가능하고 포장까지 예쁘게 해주니 주변 사람에게 선물하기도 좋다. 또한 지하의 식품관에선 배를 두둑하게 채워줄 만한 야식거리부터 달콤한 디저트와 기념품용 과자 등도 만나 볼 수 있다. 5층부터 11층 구간에는 핸즈(구 도큐 핸즈)가 있고, 6층에는 한국인들이 즐겨 찾는 꼼데 가르송도 작게나마 자리한다(물건이 많진 않다). 층에 따라 앉을 공간이 마련돼 있기도 해 쇼핑하다 지친 사람들의 발걸음을 이끈다. 또한 다카시마야 게이트 타워 몰과도 연결된다.

주소 名古屋市中村区名駅1-1-4
위치 나고야역에서 연결
운영 10:00~20:00
※매장마다 영업시간 다름
휴무 1월 1일
전화 052-566-1101
홈피 www.jr-takashimaya.co.jp

ㄴ 핸즈 Hands

일본의 대표적인 생활용품 잡화점이다. 도큐 핸즈에서 사명을 바꿨고 일본식으로는 '한즈'다. 층마다 분야를 나누고 상품을 판매하며 화장품부터 주방용품, DIY 재료, 파티용품, 인테리어 소품, 사무용품까지 그야말로 없는 게 없다. 워낙 물건이 많다 보니 찾는 상품이 있다면 직원에게 물어보는 것이 빠르다. 꼭 구매를 하지 않더라도 이것저것 구경하다 보면 시간이 훌쩍 가버린다.

위치 JR 나고야 다카시마야 5~11층
홈피 nagoya.hands.net

다카시마야 게이트 타워 몰
Takashimaya Gate Tower Mall

JR 게이트 타워에 자리한 쇼핑몰로, JR 나고야 다카시마야 백화점과 이어진다. 20~40대를 타깃으로 한 매장이 많아 다카시마야 백화점보다는 좀 더 젊은 분위기에 가격대도 낮다. 사라베스 등의 레스토랑과 산세이도 서점, 전자제품 양판점 비쿠카메라, 의류 매장 유니클로, GU 등이 입점해 있다. 여행자들에게는 도토리공화국, 디즈니 스토어, 스누피 타운 숍, 리락쿠마 스토어 등의 캐릭터 숍이 인기다. 최근 한국에서 산리오 캐릭터의 인기가 높아지며 7층에 자리한 산리오 기프트 게이트를 찾는 여행자도 늘었다. 산리오의 주요 캐릭터로는 헬로키티, 마이멜로디, 쿠로미, 폼폼푸린, 시나모롤 등이 있다.

주소 名古屋市中村区名駅1-1-3
위치 JR 나고야 다카시마야 백화점에서 연결
운영 10:00~21:00
※매장마다 영업시간 다름
전화 052-566-2202
홈피 www.jr-tgm.com

디즈니 스토어 Disney Store

매장 앞 커다란 스크린이 사람들의 발걸음을 멈추게 한다. 디즈니의 영원한 마스코트 미키마우스부터 〈인어공주〉, 〈미녀와 야수〉, 〈알라딘〉 속 공주님들, 〈토이 스토리〉의 우디와 버즈, 〈겨울왕국〉의 안나와 엘사 등 반가운 캐릭터가 곳곳에 자리한다. MCU 관련 상품과 여러 가지 생활용품도 많아 구경하는 재미가 있다. 가족 단위의 여행자나 어린 조카가 눈에 밟힌다면 한 번쯤 들러보자. 사카에 지역 마쓰자카야 백화점에서도 만나 볼 수 있다.

위치 다카시마야 게이트 타워 몰 1층
전화 052-561-3532

도토리공화국 どんぐり共和国

〈이웃집 토토로〉, 〈센과 치히로의 행방불명〉, 〈벼랑 위의 포뇨〉 등 스튜디오 지브리 작품의 캐릭터 상품을 판매한다. 매장 안으로 들어서면 가장 먼저 거대 토토로와 네코(고양이) 버스가 눈길을 사로잡는다. 아기자기하고 귀여운 인테리어 소품과 생활용품 등은 꼭 구매하지 않더라도 구경하는 재미가 있다. 사카에 지역의 오아시스 21에도 자리하며 한국에는 '도토리숲'이라는 이름으로 들어와 있다.

위치 디즈니 스토어 맞은편
전화 052-551-1525

Shopping

4

비쿠카메라 ビックカメラ

일본 전역에 있는 전자제품 양판점이다. 지하 1층부터 지상 5층짜리 건물에 A와 B관으로 나뉜다. 이름에서 알 수 있듯 카메라는 물론이고 스마트폰, 컴퓨터, 청소기, 세탁기 등의 가전제품과 관련 액세서리들이 모두 모여 있다. 전자기기뿐 아니라 프라모델이나 각종 잡화도 있으며 주류까지 판매한다. 위스키 등의 술을 한국에서보다 저렴한 가격으로 구매할 수 있다. 참고로 한국 입국 시 주류 면세 한도는 1인당 2병(전체 용량 2L 이내, 총 가격 400달러 이하)이다. 드러그스토어와 100엔 숍 세리아도 있으며 다양한 제품이 구비돼 있다. 5,000엔 이상 구입 시 면세가 가능하다.

주소 名古屋市中村区椿町6-9
위치 나고야역 다이코도리 출입구에서 도보 3분
운영 10:00~21:00
전화 052-459-1111
홈피 www.biccamera.co.jp

Shopping

천리마약국 千里馬薬局

대부분의 드러그스토어와 마찬가지로 의약품과 화장품 및 식품, 생필품 등을 판매한다. 다른 곳과 비교해 저렴한 편이나 현금 결제만 가능하다. 통로가 비좁아 사람이 많을 때는 구경하기 힘들고, 5층짜리 건물에 엘리베이터가 하나뿐이라서 기다리는 줄도 길다. 면세 카운터는 2층에 자리하며 저녁 8시 30분까지만 운영한다. 주인은 물론 직원들 모두 중국인이기 때문에 중국인 여행자가 많다.

주소 名古屋市中村区椿町15-23

위치 나고야역 다이코도리 출입구에서 도보 3분
운영 09:00~21:00
전화 052-453-7570

Shopping

6

준쿠도 서점 ジュンク堂書店

나고야역 근처에 자리한 대형 서점 체인으로 매장의 규모가 그리 크진 않다. 옛 모습을 간직한 채 특별한 인테리어 없이 운영되고 있는데, 긴 통로나 서가 배치가 언뜻 도서관 같기도 하다. 논문과 환경, 건축, 과학 등 전문 서적이 많다. 조용하고 진지한 서점 분위기를 느껴보고 싶다면 한 번쯤 들러보자.

주소 名古屋市中村区名駅3-25-9
위치 나고야역 사쿠라도리 출입구에서 도보 6분
운영 10:00~21:00
전화 052-589-6321
홈피 www.junkudo.co.jp

Shopping

애니메이트 Animate

도쿄 이케부쿠로에 본점을 두고 있는 애니메이션 관련 전문점이다. 일본 내 120여 개의 점포가 있으며 2017년에는 한국에도 지점이 생겼다. 만화책이나 라이트노벨, 동인지, 잡지 등의 서적과 음반, DVD, 블루레이, 게임은 물론이고, 피규어를 비롯한 각종 잡화까지 판매한다. '덕후'에게는 성지 같은 곳이지만 덕질 대상이 없다면 가챠(뽑기 기계)에서 잔돈을 털어내는 것도 재미있다.

주소 名古屋市中村区椿町18-4
위치 나고야역 다이코도리 출입구에서 도보 5분
운영 월~금요일 11:00~20:00, 토 · 일요일 10:00~20:00
홈피 www.animate.co.jp

Shopping

맥스 밸류 Max Valu

현지인이 이용하는 대형마트로 다양한 물건을 만날 수 있다. 물이나 요구르트 등이 편의점보다 저렴하기 때문에 여러 개를 살 거라면 이곳에서 구매하자. 또한 킷캣 초콜릿, 퍼펙트 더블 워시 폼 클렌징, 샤론 파스 등 일본 여행 쇼핑리스트에 손꼽히는 제품도 판매한다. 호텔에서 먹을 만한 야식거리를 사기에도 좋은데, 품질 좋은 도시락이나 모둠초밥 등을 추천한다. 바로 옆에 다이소 매장도 자리해 있다.

주소 名古屋市中村区太閤1-19-42
위치 나고야역 다이코도리 출입구에서 도보 10분
운영 24시간
전화 052-459-3880
홈피 www.mv-tokai.co.jp

More & More

나고야역 주변 지하상가

나고야에 오면 수많은 지하상가를 만나 볼 수 있다. 어느 지하상가든 의류나 화장품, 생활용품 쇼핑에 더해 식사를 해결하는 것도 가능하다. 그야말로 발밑에 또 하나의 세상에 펼쳐지는데, 나고야역 주변에만도 5개의 지하상가가 자리한다(현재 메이치카는 휴업 중). 다이코도리 출입구 쪽의 에스카를 제외하면 다른 4개는 사쿠라도리 출입구 방면에 있으며 서로 연결되는 구조다. 궂은 날씨나 신호 대기에 상관없이 움직일 수 있는 장점이 있지만 캐리어를 끌고 다니기엔 힘들다.

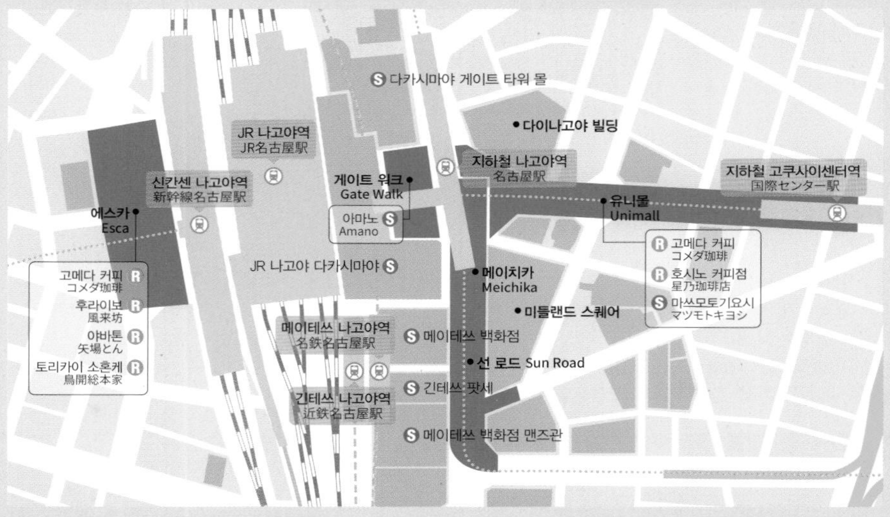

1 에스카 Esca

1971년에 설립된 지하상가다. 다른 상가들과 달리 신칸센 개찰구 방향(다이코도리 출입구)에 위치하며 에스컬레이터를 통해 이어진다. 의류, 잡화, 기념품 상점 등이 있는데, 특히 야바톤과 고메다 커피, 후라이보, 야마모토야 혼텐, 토리카이 소혼케 등 나고야의 명물을 맛볼 수 있는 식당이 많다.

운영 평균 10:00~20:30
휴무 1월 1일
※상점마다 영업시간 다름
홈피 www.esca-sc.com

❷
게이트 워크 Gate Walk

나고야역 사쿠라도리 출입구에서 이어지며, 규모는 작지만 맥도날드, 드러그스토어 아마노 등이 들어서 있다. 지하철 히가시야마선과 사쿠라도리선, 메이테쓰 나고야역, 시내버스터미널 방향으로 이동할 수 있고, 통로는 넓지만 출퇴근 시간에는 매우 혼잡해진다.

운영 평균 10:00~21:00
※상점마다 영업시간 다름
홈피 www.towers.jp/gatewalk

❸
유니몰 Unimall

지하철 나고야역에서부터 고쿠사이센터역까지 동서로 이어지는 지하상가다. 2개의 메인 통로가 있어 혼잡하지 않고 이동이 편리하다. 전반적으로 밝은 분위기이며 패션 잡화를 비롯해 스타벅스, 고메다 커피, 호시노 커피점, 마쓰모토기요시 등 다양한 점포가 자리한다. 히가시야마선 나고야역 개찰구 앞에서 연결된다.

운영 평균 10:00~20:00
※상점마다 영업시간 다름
홈피 www.unimall.co.jp

❹
선 로드 Sun Road

1957년에 문을 연 나고야 최초의 지하상가다. 통로가 좁은 편이고 조명 역시 밝진 않다. 메이테쓰와 긴테쓰 나고야역에서 이어지며 메이테쓰 버스센터로도 이동 가능하다. 메이테쓰 백화점과 미들랜드 스퀘어 등과도 연결되기 때문에 지상에 나오지 않고도 쇼핑을 한 번에 해결할 수 있다. 레스토랑과 카페 및 상업시설 등이 입점해 있어 편리하다. 참고로 선 로드와 유니몰을 이어주던 메이치카 지하상가는 2026년까지 휴지에 들어갔다.

운영 평균 10:00~20:30
※상점마다 영업시간 다름
홈피 www.sunroad.org

Stay : 3성급

1

메이테쓰 그랜드 호텔 Meitetsu Grand Hotel

나고야역과 접근성이 좋아 비즈니스 여행객들의 이용도가 높다. 엘리베이터를 타고 3층에서 내리면 메이테쓰 버스센터와도 이어진다. 버스를 타고 나가시마 리조트나 나바나노사토에 갈 예정이라면 고려할 만하다. 호텔 레스토랑의 평가도 좋지만 메이테쓰 백화점을 비롯해 주변에 식사할 공간이 많다. 객실은 넓은 편이나 전반적으로 오래된 느낌이 난다. 금연실은 따로 있으니 예약할 때 한 번 더 확인하자.

주소 名古屋市中村区名駅1-2-4
위치 메이테쓰 백화점 맨즈관 출입구 옆에 호텔용 엘리베이터가 있는 출입구가 있다.
요금 스탠더드 싱글 13,700엔~
전화 052-582-2211
홈피 www.meitetsu-gh.co.jp

Tip 흡연실밖에 없어요?

일본은 실내에서 흡연 가능한 곳이 아직도 많은데, 호텔 등의 숙박시설도 마찬가지다. 흡연실은 호텔마다 관리의 차이는 있지만 흡연자가 아니라면 견디기 어렵다. 방이 부족해 어쩔 수 없이 흡연실에 묵게 되었다면 예약 시 소취 작업을 부탁해 보자.

Stay : 3성급

치선 인 나고야 チサン イン名古屋

원형으로 된 독특한 구조가 특징이다. 비즈니스호텔답게 방이 매우 좁고 오래된 느낌이 있다. 또한 방음이 잘 안 되므로 소음에 민감하다면 다른 곳을 찾자. 반면 호텔은 잠만 자는 공간이라 생각하는 여행자에겐 괜찮은 숙소다. 다른 숙소와 비교해 저렴한 가격이 장점이며 신칸센 나고야역과도 가깝다. 프런트 직원들도 친절하고 근처에 로손 편의점이 있다.

주소 名古屋市中村区則武1-12-8
위치 나고야역 다이코도리 출입구에서 도보 5분
요금 스탠더드 싱글 A(조식 포함) 7,000엔~
전화 052-452-3211
홈피 www.solarehotels.com

Stay : 3성급

다이와 로이넷 호텔 나고야 다이코도리구치

ダイワロイネットホテル名古屋太閤通口

일본 각지에 지점을 둔 가성비 좋은 호텔이다. 나고야역 주변에만 3개의 지점이 있으니 예약 시 주의하자. 이곳은 이름에서 알 수 있듯이 나고야역 다이코도리 출입구 방면에 위치한다. 다른 비즈니스호텔과 비교해 객실이 큰 편이라 답답함이 적다. 화장실도 욕조가 따로 분리된 구조다(유니버설 트윈 룸 제외). 조식은 건물 1층의 베트남 레스토랑에서 뷔페 스타일로 제공된다. 또 건물 내에 세븐일레븐도 있다. 12세 이하 어린이는 침대 하나당 한 명의 어린이까지 무료 숙박이 가능하다(침구, 어메니티 불포함).

주소 名古屋市中村区椿町18-10
위치 나고야역 다이코도리 출구에서 도보 5분
요금 모더레이트 더블 9,600엔
전화 052-459-3155
홈피 www.daiwaroynet.jp/nagoya-taikodoriguchi

Stay : 3성급

메이테쓰 인 나고야에키 신칸센구치

Meitetsu Inn Nagoyaeki Shinkansenguchi

2016년에 개장한 호텔로 깔끔하고 밝은 분위기이다. 객실이 크진 않지만 커다란 창문 덕에 답답함이 적다. 고층 객실에서는 꽤 훌륭한 전망을 감상할 수 있다. 화장실과 욕실이 분리돼 있어 느긋하게 목욕을 즐기는 것도 가능하다. 같은 건물에 로손 편의점이 있고 주변에 라멘집과 이자카야도 많아 저녁 식사를 해결하기에도 좋다. 신칸센 나고야역과 가깝다는 것도 장점이나 방 안에서 기차 소리가 들리기도 한다.

주소 名古屋市中村区則武1-6-3
위치 나고야역 다이코도리 출입구에서 도보 5분
요금 모더레이트 룸 12,400엔~
전화 052-453-3434
홈피 www.m-inn.com/shinkansenguchi

Stay : 3성급

5

사이프레스 호텔 나고야 에키마에

Cypress Hotel Nagoya-eki Mae

구 선루트 플라자 호텔. 나고야역에서 가깝고 대로변에 위치해 찾아가기 쉽다. 주변의 다른 호텔과 비교해 저렴한 편이며 바로 옆에 패밀리마트도 자리한다. 로비와 객실은 모던한 스타일로 리뉴얼한 듯하나 오래된 느낌이 남아 있다. 싱글 룸의 경우 화장실을 비롯해 객실이 매우 좁은데, 조금 큰 캐리어는 열어 둘 공간조차 부족하다. 호텔 밖으로 나갈 때는 방 열쇠를 프런트에 맡겨야 하며 단체 관광객들의 모습도 자주 보인다.

주소 名古屋市中村区名駅2-35-24
위치 나고야역 사쿠라도리 출입구에서 도보 7분
요금 디럭스 싱글 8,600엔~
전화 052-571-2221
홈피 cypresshotel.jp

Stay : 3성급

로열 파크 캔버스 나고야

The Royal Park Canvas Nagoya

지하철 이용 시 유니몰 10번 출구로 나오면 가장 가깝다. 그러나 캐리어가 있다면 엘리베이터를 탈 수 있는 나고야역 4번 출구 쪽으로 나오자. 로비는 2층에 위치하며 프런트 데스크의 직원들이 친절하게 맞이해 준다. 방은 널찍한 크기에 깔끔하게 꾸며져 있고 인원수에 맞춰 생수가 제공된다. 면봉, 빗, 샤워 캡 등의 어메니티는 프런트 옆에 마련된 캔버스 픽업에서 필요한 것만 가져가면 된다. 호텔 바로 옆에는 패밀리마트가 자리한다.

주소 名古屋市中村区名駅3-23-13
위치 지하철 나고야역 4번 출구에서 도보 4분
요금 싱글 10,000엔~
전화 052-300-1111
홈피 www.the-royalpark.jp/canvas/nagoya

Stay : 4성급

미쓰이 가든 호텔 나고야 프리미어

Mitsui Garden Hotel Nagoya Premier

메이테쓰 백화점 및 버스센터, 나고야역과 가까워 쇼핑은 물론 교통까지 편리하다. 프런트 데스크는 18층에 위치하며 객실용 엘리베이터가 따로 있다. 로비와 객실 모두 세련된 느낌으로 꾸며져 있는데, 커다란 창문을 통해 나고야역 주변이 내려다보인다. 또한 대욕장을 갖추고 있어 호텔로 돌아와 하루의 피로를 씻어내기에도 좋다. 호텔 근처에는 야나기바시 중앙시장이 자리해 아침 일찍 시장의 활기를 느껴볼 수 있고, 식사를 즐길 만한 식당도 많다.

주소 名古屋市中村区名駅4-11-27
위치 나고야역 사쿠라도리 출입구에서 도보 7분
요금 모더레이트 세미 더블 17,900엔~
전화 052-587-1131
홈피 www.gardenhotels.co.jp/nagoya-premier

Stay : 4성급

프린스 호텔 나고야 스카이 타워

Prince Hotel Nagoya Sky Tower

2017년에 오픈한 호텔로 글로벌 게이트 빌딩의 31~36층에 자리한다. 높은 곳에 위치한 만큼 빼어난 전망을 볼 수 있다. 시내 중심가는 아니지만 글로벌 게이트에 식당과 상점들이 많기 때문에 편의시설에 대한 부족함은 없다. 사사시마 라이브역은 아오나미선을 타면 나고야역과 한 정거장 거리에 있다. 나고야역까지 걸어갈 수 있긴 하나 15분 이상이 걸리고 짐이 많다면 추천하지 않는다.

주소 名古屋市中村区平池町4-60-12
위치 아오나미선 사사시마 라이브 ささしまライブ역에서 연결
요금 스카이 킹 17,800엔~
전화 052-565-1110
홈피 www.princehotels.co.jp/nagoya

Stay : 5성급

나고야 메리어트 아소시아 호텔

Nagoya Marriott Associa Hotel

나고야역에서 나가지 않고도 호텔로 이동할 수 있는 최고의 위치를 자랑한다. 교통은 물론 관광, 식사, 쇼핑 등을 편리하게 즐길 수 있다. 세계적인 호텔 체인인 만큼 좋은 서비스를 제공하며 가격 또한 비싸다. 개인보다는 가족 단위의 여행객에게 추천한다. 프런트 데스크는 15층에 있으며 객실은 52층까지 자리한다. 나고야역 주변을 내려다볼 수 있기 때문에 전망에 대한 평가도 좋다.

주소 名古屋市中村区名駅1-1-4
위치 JR 센트럴 타워 15층에 프런트 데스크 위치
요금 스탠더드 트윈 29,000엔~
전화 052-584-1111
홈피 www.associa.com/nma

• Special Page •

수수한 옛 거리의 매력
시케미치(四間道)

나고야성의 건축과 함께 그 주변으로 상인들의 지역이 생겨났다. 이들은 바로 옆의 호리堀강을 통해 물자를 운반하며 살아갔는데, 1700년 대형 화재가 발생해 큰 피해를 입게 된다. 이후 소방법을 재정하듯 강의 뒷길을 넓히기로 했고, 이 길이 바로 시케미치다. 일본어로 4를 의미하는 '시四'와 길이의 단위 '케間', 거리를 뜻하는 '미치道'라는 이름이 붙은 이곳은 다른 골목들과는 다르게 약 7m의 폭을 지녔다(4間=7m).

이곳 동네는 옛 건물을 그대로 보존하고 있어 소박하면서도 이색적인 풍경을 자아낸다. 외관 그대로 앤티크한 인테리어로 꾸민 카페나 일식부터 양식까지 다양한 메뉴의 레스토랑도 만나 볼 수 있다. 느긋하게 산책하거나 마음에 드는 공간을 찾아 커피 한잔 즐기는 것도 좋다. 골동품 가게와 갤러리 또한 눈길을 사로잡는다. 2018년부터 메구루버스 노선에 이름을 올리며 여행자의 발걸음을 이끌고 있다. 주요 볼거리로는 호리강에 처음으로 생겨난 다리 고조바시五条橋와 옥상 신사 야네가미屋根神 등이다. 북쪽으로는 나고야에서 가장 오래된 상점가인 엔도지상점가円頓寺商店街도 이어지지만 과거의 영광과 달리 한적한 편이다.

주소 名古屋市西区那古野 1-36-36
위치 시내버스터미널 11번 승강장에서 메구루버스 이용 혹은 지하철 고쿠사이센터国際センター역 2번 출구에서 도보 6분

제철과일 듬뿍, 호화로운 파르페

카페 드 리옹 Cafe de Lyon

골목에 자리한 파르페 전문 디저트 카페다. 손님들이 줄지어 서 있을 만큼 인기가 많은데, 관광객보다는 현지인이 즐겨 찾는다. 영어나 한국어 메뉴판은 없지만 파르페의 경우 벽면에 사진이 함께 소개돼 있어 주문하는 데 큰 어려움은 없다. 딸기, 복숭아, 무화과, 샤인머스캣 등의 제철과일과 홋카이도산 생크림, 아이스크림, 스틱 파이 등으로 꾸며지며 비주얼만큼이나 맛도 훌륭하다. 일본인들이 워낙 딸기를 좋아해서 인기 메뉴 역시 딸기 파르페いちごのParfait이지만 취향에 따라 선택하자. 1인 1메뉴를 주문해야 하고, 예약 손님이 많아 오래 머물 수는 없다. 본점은 공간이 협소하나 도보 3분 거리에 2호점도 자리하며 식사 메뉴도 있다.

주소 名古屋市西区那古野1-23-8
위치 지하철 고쿠사이센터역 2번 출구에서 도보 6분
운영 월 · 화 · 목 · 금요일 11:00~19:00
토 · 일 · 공휴일 09:00~18:00
휴무 수요일, 둘째 · 넷째 화요일
요금 파르페 2,068~2,508엔
전화 052-571-9571
홈피 cafedelyon.net

절로 느긋해지는 공간

카페 드 사라 Cafe de Sara

이른 아침부터 모닝 메뉴를 먹기 위해 찾아오는 현지인 손님들이 많다. 가게 안은 네다섯 개의 테이블이 전부인데, 앉은 자리에서 카운터에 있는 주인에게 주문할 수 있을 만큼 아담한 규모다. 점내의 클래식 음악과 차분한 조명은 이곳만의 편안한 분위기를 완성해 준다. 주인 한 명이 손님 응대와 요리, 계산, 뒷정리까지 처리하므로 느긋한 마음을 갖고 방문하자. 모닝 메뉴는 음료를 주문하면 검은깨 토스트黒ゴマトースト나 달걀 토스트たまごトースト 중 선택할 수 있다. 검은깨 토스트에는 흑설탕 토스트, 잼, 으깬 달걀이, 달걀 토스트에는 요구르트가 함께 나온다.

주소 名古屋市西区那古野 1-30-16
위치 지하철 고쿠사이센터역 2번 출구에서 도보 5분
운영 월 · 목요일 08:45~12:00, 화 · 수 · 금 · 토요일 08:45~16:00
휴무 일요일
요금 커피 및 홍차 550엔
전화 052-561-5557

Sakae 사카에

덴마초도리 伝馬町通り
고후쿠초도리 呉服町通り
후쿠로마치도리 袋町通
혼마치도리 本町通
다이쇼수산
大庄水産
모토시게초도리 本重町通
니시키도리 錦通
후시미역
伏見駅
도미 인 프리미엄
ドーミーインPremium名古屋栄
나고야 간코 호텔
Nagoya Kanko Hotel
히로코지도리 広小路通
힐튼 나고야
Hilton Nagoya
호루탄야
ほるたん屋
이리에초도리 入江町通
스파게티하우스 요코이
スパゲッティ・ハウス ヨコイ
시마쇼우
島正
미쓰쿠라도리 三蔵通
야마모토야 소혼케
山本屋総本家
새터데이즈 NYC
Saturdays NYC
고후쿠초도리 呉服町通り
시라카와도리 白川通
나고야시 과학관
名古屋市科学館
노가미
乃が美
멘야 키요
Menya Kiyo
혼마치도리 本町通
나고야시 미술관
名古屋市美術館
시라카와 공원
白川公園

쇼콜라트리 다카스 Chocolaterie Takasu
히사야오도리 공원 久屋大通公園
히사야오도리역 久屋大通駅
가토 커피점 加藤珈琲店
중부전력 미라이 타워 中部電力 Mirai Tower
오쓰도리 大津通
하브스 Harbs
센트럴 파크 지하상가 Central Park
코코 호텔 나고야 사카에 Koko Hotel Nagoya Sakae
오아시스 21 Oasis 21
컴포트 인 나고야 사카에 에키마에 Comfort Inn Nagoya Sakae Ekimae
니기리노도쿠베 にぎりの徳兵衛
다이소 ダイソー
마쓰모토기요시 マツモトキヨシ
관광안내소
버스터미널
아이치예술문화센터 愛知芸術文化センター
우동 니시키 うどん錦
사카에마치역 栄町駅
사카에역 栄駅
니시키도리 錦通
돈키호테 ドン・キホーテ
스카이 보트 대관람차 Sky-Boat
선샤인 사카에 Sunshine Sakae
숲의 지하상가 森の地下街
히로코지도리 広小路通
히가시야마 동·식물원(5.5km) 가쿠오잔(3.5km) 방향
무지 MUJI(無印良品)
마루에이 갤러리아 Maruei Galleria
사카에치카 지하상가 サカエチカ
히쓰마부시 나고야 빈초 ひつまぶし名古屋備長
토리카이 소혼케 鳥開総本家
마루하 식당 まるは食堂
야바톤 矢場とん
하브스 Harbs
꼼 데 가르송 Comme des Garçons
마가렛 호웰 Margaret Howell
스카이루 Skyle
사카에 노바 Sakae Nova
미쓰코시 백화점 三越百貨店
로프트 Loft
오니츠카 타이거 Onitsuka Tiger
북오프 슈퍼 바자 Bookoff Super Bazaar
다이소 ダイソー
라시크 Lachic
마루젠 丸善
나고야 도큐 호텔 Nagoya Tokyu Hotel
세카이노야마짱 世界の山ちゃん
더 비 나고야 The B Nagoya
히사야오도리 久屋大通
오쓰도리 大津通
후시미도리 武平通
히가시신도리 東新通
마쓰자카야 북관 北館
호텔 포르자 나고야 사카에 Hotel Forza Nagoya Sakae
마쓰자카야 백화점 松坂屋百貨店
하브스 Harbs
디즈니 스토어 ディズニーストア
포켓몬센터 ポケモンセンター
돈키호테 ドン・キホーテ
스즈메오도리 소혼텐 雀踊總本店
마쓰자카야 남관 南館
야바톤 矢場とん
아쓰다 호라이켄 あつた蓬莱軒
하브스 Harbs
프랑프랑 Francfranc
무지 MUJI(無印良品)
러쉬 Lush
점프 숍 Jump Shop
파르코 PARCO
파르코 미디 midi
야바초역 矢場町駅
파르코 동관 東館
파르코 남관 南館
N
사카에

• Information •

사카에(栄)

나고야 제1의 번화가로, 미라이 타워와 오아시스 21 등 도시를 대표하는 상징물이 자리한다. 과학관과 미술관 등의 명소와 수많은 맛집들이 여행자를 기다리고, 도심을 관통하는 히사야오도리 공원은 크고 작은 이벤트로 사카에 지역에 활기를 더한다. 무엇보다 쇼핑과 엔터테인먼트를 즐기기 그만인데, 명품 백화점에서부터 캐주얼한 쇼핑몰들이 대로변을 따라 줄지어 서 있다. 또한 나고야성, 아쓰다 신궁, 가쿠오잔, 히가시야마 동 · 식물원, 나고야 돔 등으로 이동할 수 있는 교통의 중심점이 된다. 젊은 층이 문화생활을 즐기고 퇴근한 직장인들이 술 한잔 기울이는 곳. 볼거리와 즐길 거리가 넘쳐나니 이곳을 떠나는 건 늘 아쉽기만 하다.

드나들기

❶ 중부국제공항에서 사카에역으로 이동

열차+지하철

공항에서 메이테쓰 열차를 이용해 가나야마金山역에서 하차한다. 이후 지하철 메이조선名城線으로 환승하여 사카에역으로 갈 수 있다. 메이조선은 야바초矢場町와 히사야오도리久屋大通역에도 정차하므로 목적지와 가까운 곳에서 내리자. 후시미伏見역에 가려면 메이테쓰 열차를 타고 나고야역에서 하차해 히가시야마선東山線으로 환승하는 게 낫다.

메이테쓰 열차 티켓을 구입할 때는 노선도에서 목적지까지의 요금을 확인하자(공항 → 가나야마역 910엔). 발매기에 지폐나 동전을 넣고 요금을 터치하면 표가 나온다. 가나야마역에서 지하철 환승 시에도 같은 방법으로 구매하면 된다.

소요 시간 및 가격 ※공항-가나야마
· 뮤스카이 ミュースカイ (μSky Ltd. Exp.) : 24분, 1,360엔
· 특급 特急 (Ltd. Exp.) : 32분, 910엔(일등석 1,360엔)
· 준급 準急 (Semi. Exp.) : 43분, 910엔
· 급행 急行 (Exp.) : 최대 56분, 910엔

공항버스
1터미널 6번 승강장에서 센트레아 리무진버스를 이용해 도큐 호텔, 사카에(오아시스 21 건너편), 니시키도리 혼마치(도미 인 프리미엄 앞), 간코 호텔 등으로 이동할 수 있다. 소요 시간은 사카에 정류장을 기준으로 약 55분이며, 도로 사정에 따라 달라지기도 한다. 다시 공항으로 갈 때는 하차한 지점의 건너편 도로에서 정류장을 찾을 수 있다. 출발 전 자세한 위치를 확인하고, 사카에는 오아시스 21 버스터미널의 9번 승강장을 이용하면 된다. 요금은 성인 1,500엔, 어린이 750엔이다.
홈피 www.meitetsu-bus.co.jp/airport

운행시간
2시간 간격, 하루 7회 운행
· 공항 → 사카에(오아시스 21 건너편) : 첫차 09:40, 막차 21:40
· 사카에(오아시스 21 버스터미널) → 공항 : 첫차 06:10, 막차 18:10

❷ 시내 이동

지하철
사카에역은 히가시야마선과 메이조선이 지나며 시내 곳곳의 명소로 이동하기 편리하다. 히가시야마선을 이용하면 나고야역이나 가쿠오잔, 히가시야마 동 · 식물원 등에 갈 수 있다. 메이조선은 나고야성(나고야죠名古屋城역), 아쓰다 신궁(아쓰다진구니시熱田神宮西역) 등의 명소를 잇는다. 티켓은 자동발매기를 통해 구매할 수 있고(한국어 지원), 요금은 보통 210엔부터 시작된다. 거리가 멀어지면 가격 또한 올라가며, 발매기 근처의 노선도에 요금이 명시돼 있다.

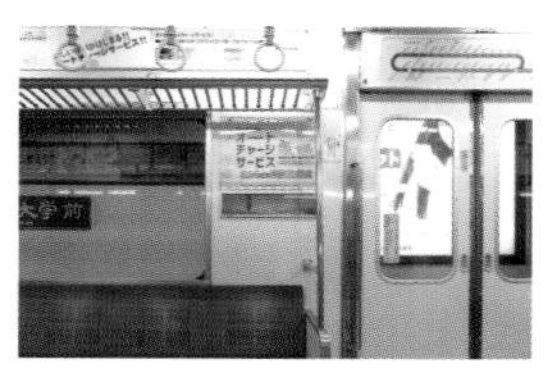

메구루버스
미라이 타워, 히로코지 사카에, 히로코지 후시미에서 타고 내릴 수 있다. 관광객은 대부분 나고야역에서 탑승해 노리다케의 숲, 나고야성, 도쿠가와 정원 등을 둘러보고 미라이 타워에서 하차하는 편이다. 미라이 타워에서 나고야성이나 나고야역을 가기 위해 승차할 수는 있지만 도로 사정에 따라 오래 걸리기도 하니 지하철을 이용하는 게 빠르다.
홈피 www.nagoya-info.jp/routebus

여행 방법과 추천 코스

사카에 지역은 동서로 펼쳐진 히로코지 거리와 남북으로 이어진 오쓰 거리를 중심으로 백화점과 쇼핑몰이 늘어서 있다. 명품과 캐주얼 브랜드가 모두 자리하니 쇼핑을 원한다면 단연 사카에를 찾아야 한다. 조금 출출해지면 백화점에 입점한 유명 레스토랑들로 걸음을 옮기면 된다. 나고야메시에 꼽히는 수많은 식당들이 한자리에 모여 있으며 대기 시간이 길 때는 다른 맛집을 가면 그만이다. 준비할 거라고는 그저 텅 빈 배뿐!

쇼핑과 식사를 즐기는 것도 좋지만 사카에에 있는 독특한 랜드마크를 방문하는 것도 빼놓지 말자. 길을 걷다 보면 미라이 타워, 오아시스 21, 선샤인 사카에의 대관람차 등이 자연스레 눈에 띈다. 특히나 저녁이 되면 각각 LED 조명이 켜지면서 사카에를 더욱 화려하게 빛낸다. 나고야의 중심지에서 조금 벗어나 있는 관광명소를 둘러보려면 사카에에 숙소를 잡는 것이 좋다.

Tip

1 중부전력 미라이 타워는 TV타워라고도 불린다.

2 라시크에서는 히쓰마부시, 미소돈가스, 새우튀김, 오야코돈 등을 맛볼 수 있다. 쇼핑과 식사를 한 번에 해결하자. 하브스의 지점도 자리한다.

Writer's pick

나고야시 과학관(p.107) ···› 도보 5분 ···› **야마모토야 소혼케**(p.109) ···› 도보 7분 ···› **라시크**(p.120) ···› 도보 5분 ···› **로프트**(p.119) ···› 도보 4분 ···› **선샤인 사카에**(p.106) ···› 도보 10분 ···› **중부전력 미라이 타워**(p.103) ···› 도보 4분 ···› **오아시스 21**(p.104) ···› 도보 12분 ···› **호루탄야**(p.115)

Sightseeing ★★★

중부전력 미라이 타워 中部電力 Mirai Tower

도쿄타워만큼 유명하진 않지만 1954년 180m 높이로 지어진 일본 최초의 전파 철탑이다. 나고야를 대표하는 랜드마크로 도심을 관통하는 도로인 히사야오도리久屋大通의 중앙에 위치한다. 실내 전망대인 스카이 데크는 1층에서 티켓을 구매한 후 엘리베이터를 타고 올라간다. 유리창 너머로 나고야 시내를 조망할 수 있는데, 해 질 무렵 방문하여 노을 지는 풍경과 함께 야경을 감상해도 좋다. 분위기가 분위기인 만큼 데이트하는 연인들이 즐겨 찾는다. 한 층을 더 올라가면 야외 전망대가 있지만 철조망 때문에 탁 트인 경관을 감상하긴 어렵다. 2021년 나고야 TV타워에서 명칭이 바뀌었고, 2022년에 타워로선 처음으로 일본의 국가 중요 문화재로 지정되었다.

주소 名古屋市中区錦3-6-15
위치 지하철 히사야오도리역 4B 출구
운영 10:00~21:00(토요일은 21:40까지)

전화 052-971-8546
요금 성인 1,300엔, 초중생 800엔
홈피 www.nagoya-tv-tower.co.jp

Sightseeing ★

히사야오도리 공원 久屋大通公園

히사야오도리를 따라 약 2km로 조성된 공원이다. 2020년 대대적인 리뉴얼과 함께 다양한 상업시설이 들어서며 한층 밝은 분위기가 되었다. 저녁 시간대에는 미라이 타워 앞 광장에서 조명과 미스트가 신비로움을 연출한다. 숍과 식당, 카페 외에도 다양한 동상과 분수 등이 자리하며, 종종 열리는 이벤트가 활기를 더한다. 주말마다 나고야 시민들이 삼삼오오 모여들어 여가를 보내는 도심 속 오아시스다.

주소 名古屋市中区丸の内3丁目
위치 지하철 히사야오도리역 4B 출구 혹은 사카에역 3번 출구

오아시스 21 Oasis 21

2002년 오픈한 대형 상업시설로 카페와 레스토랑 등이 입점한 쉼터이자 버스터미널, 무료 전망대의 역할까지 하고 있다. 무엇보다 거대한 원반형의 유리 지붕이 인상적인데, 윗면에 물이 깔려 있어 '물의 우주선'이라는 이름으로 불린다. 엘리베이터를 타거나 계단으로 올라갈 수 있으며 언제 찾아도 좋지만 야경 감상을 추천한다. 미라이 타워를 비롯한 도시의 불빛들이 물 위에서 흔들리며 반짝거린다.
버스터미널은 반지하에 자리하며 넓은 대합실과 스크린도어 시스템을 갖추어 쾌적한 공간에서 버스를 기다릴 수 있다. 공항버스는 9번 승강장에서 대기하자. 티켓은 따로 구입할 필요가 없고 운전기사에게 현금으로 지불하면 된다.
지하에는 다목적 공간인 은하 광장을 중심으로 다양한 상점이 들어서 있다. 스타벅스와 맥도날드를 비롯해 일식, 중식, 양식 레스토랑과 다이소, 마쓰모토 기요시, 도토리공화국(지브리 캐릭터 숍) 등도 자리한다.

주소 名古屋市東区東桜1-11-1
위치 지하철 사카에역 4번 출구
운영 **물의 우주선** 10:00~21:00
버스터미널 05:45~24:00
은하 광장 06:00~23:00
※상점마다 영업시간 다름
전화 052-962-1011
홈피 www.sakaepark.co.jp

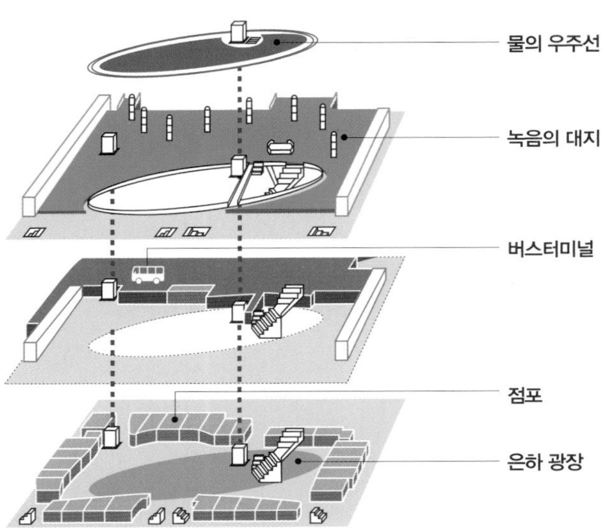

Sightseeing ★☆☆

센트럴 파크 지하상가 Central Park

의류 및 생활용품은 물론 카페 및 레스토랑 등 100개가 넘는 상점을 갖추고 있다. 넓은 통로 덕에 혼잡하지 않고, 날씨와 상관없이 방문하기도 좋다. 다만 엘리베이터나 에스컬레이터가 없어 캐리어나 큰 짐을 들고 다니기엔 불편하다. 북쪽 끝에는 학생들과 지역 예술가들의 그림 및 사진 작품을 전시하는 시민 갤러리가 마련돼 있다. 남쪽으로는 숲의 지하상가와 사카에 메인 스트리트 아래에 자리한 사카에치카 지하상가까지 연결된다.

주소 名古屋市中区錦3-15-13
위치 지하철 히사야오도리역 혹은 사카에역에서 연결
운영 10:00~21:00
(일 · 공휴일은 20:00까지)
※상점마다 영업시간 다름
홈피 www.centralpark.co.jp

Sightseeing ★★☆

아이치예술문화센터 愛知芸術文化センター

문화정보센터와 예술극장, 미술관, 도서관 등으로 이루어진 종합문화시설이다. 문화정보센터에서는 예술문화와 관련된 전문도서와 CD 및 정보 등을 제공한다. 예술극장은 3개의 공연장을 갖추고 있고 오페라, 무용, 연주회, 연극, 콘서트 등 다양한 장르의 공연이 가능하다. 젊은 세대 음악가 가운데 가장 뛰어난 피아니스트 중 한 명으로 인정받는 조성진도 이곳 콘서트홀에서 공연을 가졌다. 훌륭한 음향시설과 조명 등이 일본 내에서도 손꼽히며, 연주자와 관객 모두를 만족시킨다. 10층 미술관에서는 클림트, 피카소, 에른스트 등의 작품과 일본의 근대 화가 작품 등을 전시하고 있다. 8층 전시실에서는 미술 단체 주최의 전람회나 공모전, 그룹전, 대학 졸업전 등을 전시한다.

주소 名古屋市東区東桜1-13-2
위치 지하철 사카에역 하차, 오아시스 21(지하 · 지상)에서 연결
운영 **현관** 09:00~22:00
예술극장 공연에 따라 다름
미술관 화~일요일 10:00~18:00
(금요일은 20:00까지)
휴무 첫째 · 셋째 월요일, 12월 28일~1월 3일
요금 **미술관** 성인 500엔, 고등학생 300엔, 중학생 이하 무료
전화 052-971-5511
홈피 www.aac.pref.aichi.jp

미술관 대표 소장품 클림트의 〈투쟁의 삶(황금기사)〉

Sightseeing ★★☆

선샤인 사카에 Sunshine Sakae

지하 1층, 지상 6층짜리 건물로 카페와 패스트푸드점, 극장 등이 입점해 있다. 이곳 극장을 베이스로 삼는 걸그룹이 있어서 공연이나 이벤트가 있는 날에는 팬들이 모여 혼잡하다. 애니메이션, 만화, 게임 등 서브컬처 중심으로 다양한 콘텐츠와 컬래버레이션하는 카페도 자리한다. 무엇보다 관광객들에게 선샤인 사카에가 유명한 이유는 건물 외벽에 자리한 '스카이 보트' 대관람차 때문이다. 3층에서 자판기를 이용해 티켓을 구매한 후 직원의 안내에 따라 탑승하면 된다. 사카에역 주변의 거리 풍경을 내려다볼 수 있으며 한 바퀴 도는 데 15분 정도가 걸린다. 저녁에는 조명이 들어와 더욱 눈길을 끈다.

주소 名古屋市中区錦3-24-4
위치 지하철 사카에역 8번 출구에서 연결
운영 07:00~24:00
(대관람차 12:00~22:00)
요금 **대관람차** 1인 600엔, 3세 이하 무료
전화 052-310-2211
홈피 www.sunshine-sakae.jp

More & More 일본의 지역구 걸그룹?!

일본의 걸그룹 AKB48은 '만나러 갈 수 있는 아이돌'이라는 콘셉트로 탄생하였다. 이들은 도쿄 아키하바라秋葉原의 전용 극장에서 공연을 하며 전국적으로 유명해졌는데, 48명이라는 엄청난 멤버 수는 물론 졸업과 총선거라는 독특한 시스템 때문에 한국에도 이름을 알렸다. 이들의 성공은 나고야를 비롯해 오사카, 후쿠오카 등을 거점으로 한 지역구 걸그룹을 양산해냈고, 나고야의 걸그룹 SKE48은 선샤인 사카에의 극장을 베이스로 삼는다. 이러한 시스템은 인도네시아, 필리핀, 태국 등으로도 뻗어나갔고, 우리나라의 아이돌 오디션 프로그램과도 시스템을 결합해 대중들의 기대와 우려를 산 바 있다.

팬들을 위한 카페 겸 굿즈 숍

Sightseeing ★★☆

나고야시 과학관 名古屋市科学館

직경 35m의 구형이 멀리서도 눈에 띄며, 이곳에 세계에서 가장 큰 플라네타륨(천체투영관)이 자리한다. 박물관은 별도 관람이 가능하나 플라네타륨만 관람할 수는 없다. 플라네타륨에 입장하면 좌석 번호를 찾아서 착석한 후 천장의 돔 스크린을 관람하는 형태다. 사진 촬영은 불가하고 일본어 해설만 나오는 데다 의자가 눕다시피 젖혀지기 때문에 자칫하면 잠들 수도 있다. 사방에서 코 고는 소리가 들리기도. 박물관은 관광명소이자 학습시설로서의 가치가 높은데, 과학과 관련된 여러 가지 체험 공간이 마련돼 있다. 아이들이 유익한 시간을 보내기 좋아 가족 단위의 여행객에게 추천한다.

주소 名古屋市中区栄2-17-1
위치 지하철 후시미역 5번 출구에서 도보 10분 이내
운영 화~일요일 09:30~17:00
휴무 월요일, 셋째 금요일, 12월 29일~1월 3일 ※홈페이지 참조
요금 **박물관 · 플라네타륨** 성인 800엔, 고교 · 대학생 500엔, 중학생 이하 무료
전화 052-201-4486
홈피 www.ncsm.city.nagoya.jp

Sightseeing ★☆☆

나고야시 미술관 名古屋市美術館

1988년에 개관해 상설전시 이외에도 다양한 기획전을 개최하고 있다. 모딜리아니, 샤갈 등의 파리파 작가와 멕시코 르네상스 작가의 작품을 소장하고 있으며, 상설전시의 경우 규모가 큰 편은 아니다. 맞은편의 과학관과 비교하면 관람 인원이나 연령대가 확연히 다른데, 조용한 분위기에서 느긋하게 감상할 수 있다.

주소 名古屋市中区栄2-17-25
위치 지하철 후시미역 5번 출구에서 도보 10분 이내
운영 화~일요일 09:30~17:00 (금요일은 20:00까지)
휴무 월요일 ※홈페이지 참조
요금 성인 300엔, 고교 · 대학생 200엔, 중학생 이하 무료
전화 052-212-0001
홈피 www.art-museum.city.nagoya.jp

Tip 입장료 할인

1. **대중교통 일일승차권 혹은 도니치 에코 킷푸 소지자** 상설전 50엔 할인
2. **미술관+과학관 공통관람권** 성인 500엔 ※기획전 및 플라네타륨 제외

Food
❶
하브스 Harbs

도쿄, 오사카, 교토 등 일본 여행 가이드북에서 한 번쯤은 보게 되는 케이크 전문점이다. 일본 전역에 지점이 있지만 본점은 바로 이곳, 나고야에 자리한다. 1981년에 오픈했으며 부드러운 생크림과 신선한 과일의 조화, 푹신한 식감 등으로 유명해졌다. 인기 메뉴는 밀 크레이프Mille Crepes로 쫀득한 6겹의 크레이프 사이사이에 제철과일이 가득하다. 점심시간 이후로 대기 시간이 있는 편이며, 저녁 시간대에 방문하면 남아 있는 케이크가 많지 않다. 케이크가 진열된 쇼케이스는 사진 촬영을 금지하며 카페 안에서 먹을 시 1인 1음료를 주문해야만 한다. 음료에 대한 평은 '평범하다'와 '맛없다'를 오간다. 대기 시간이 길거나 맛없는 음료와 먹기 싫다면 테이크아웃을 해도 좋다. 점원이 이동 시간을 묻고 아이스 팩과 함께 꼼꼼히 포장해 준다.

주소 名古屋市中区錦3-6-17
セントラルパークビル2F
위치 지하철 사카에역 3번 출구에서
도보 3분
운영 11:00~21:00
(이트인은 20:00까지)
요금 밀 크레이프 980엔,
맨해튼 블렌드 680엔
전화 052-962-9810
홈피 www.harbs.co.jp/harbs

Food

멘야 키요 Menya Kiyo

교토에서 유명한 라멘집이 나고야 사카에 지역에 문을 열었다. 관광객보다 현지인이 즐겨 찾는 인기 맛집이다. 간판 메뉴는 하치쿠淡竹 라멘. 조개 육수를 베이스로 하여 여러 종류의 간장을 더했다. 좀 더 진한 쇼유 라멘의 맛을 원한다면 구로치쿠黒竹 쪽을 추천한다. 일본식 라멘에 익숙지 않다면 전반적으로 짠 편이다. 토핑은 차슈와 멘마 등을 추가할 수 있다. 닭고기 육즙이 느껴지는 니와토리교자鶏餃子도 곁들여 보자.

주소 名古屋市中区栄3-25-3
ジャルダン栄1F
위치 지하철 야바초역 4번 출구에서
도보 6분
운영 11:00~15:00, 17:30~22:00
요금 하치쿠 라멘 880엔,
구로치쿠 라멘 880엔
전화 052-211-8308
홈피 www.instagram.com/menya.kiyo.sakae

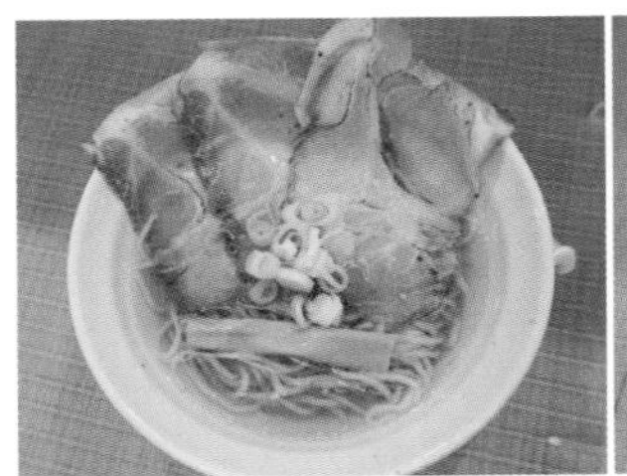

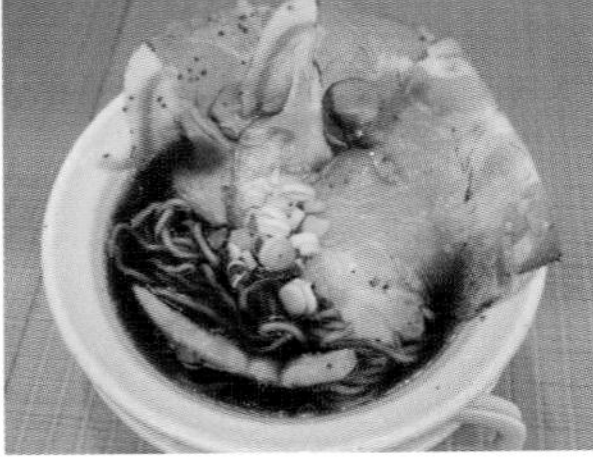

Food

3

야마모토야 소혼케 山本屋総本家

1925년에 개업한 오래된 가게로, 나고야를 대표하는 요리 중 하나인 미소니코미 우동을 맛볼 수 있다. 외국인에게는 역사와 먹는 법 등이 적힌 설명서를 준다(한국어 O). 니코미にこみ는 재료를 넣고 푹 끓이는 조리 방식을 말하며 뚝배기 그릇에 담겨 나온다. 보글보글 끓는 소리가 들릴 정도로 뜨거우니 주의하자. 뚝배기를 덮고 있는 뚜껑은 앞 접시로 이용하면 된다. 물자 절약을 위해 개인 접시 대신 뚜껑을 이용한 데서 비롯되었다고. 미소를 베이스로 한 국물은 파와 유부, 어묵이 더해져 진하고도 독특한 짠맛을 이룬다. 면발은 일반적인 우동과 비교해 딱딱한 편이라 호불호가 갈리기도 한다. 테이블에는 60cm 정도의 대나무로 만든 시치미 양념통이 있으며 조금 질린다 싶을 때쯤 뿌려 먹으면 좋다. 야마모토야 혼텐山本屋本店과는 이름만 비슷할 뿐 다른 가게이니 헷갈리지 말자.

주소 名古屋市中区栄3-12-19
위치 지하철 야바초역 6번 출구에서 도보 5분
운영 목~월요일 11:00~16:00
휴무 화 · 수요일
요금 미소니코미 우동 1,265엔
전화 052-241-5617
홈피 yamamotoya.co.jp

Food

4

스파게티하우스 요코이 スパゲッティ·ハウス ヨコイ

나고야의 명물로 꼽히는 안카케あんかけ 스파게티는 미트소스와 향신료, 녹말이 어우러져 걸쭉한 소스가 특징이다. 1963년 개업한 이곳은 안카케 스파게티의 원조로, 나고야역과 사카에역 근처에 지점이 있다. 인기 메뉴는 소시지와 햄, 베이컨, 양파, 피망, 버섯 등이 들어간 미라칸ミラカン인데, 창업 당시에는 없었다가 손님들의 평가에 의해 탄생한 메뉴다. 일반적인 스파게티와 비교하면 좀 더 기름지고 인스턴트 느낌도 난다. 이곳 본점은 혼자 오는 사람도 많지만 대부분이 아저씨 손님이다.

주소 名古屋市中区栄3-10-11 サントウビル2F
위치 지하철 사카에역 8번 출구에서 도보 6분
운영 수~금 · 토요일 11:00~15:00, 17:00~21:00, 화 · 일 · 공휴일 11:00~15:00
휴무 월요일
요금 미라칸 1,100엔
전화 052-241-5571
홈피 yokoi-anspa.jp

Food

5

니기리노도쿠베 にぎりの徳兵衛

사카에 지역에서 인기 있는 회전 초밥집으로 오아시스 21에 위치해 접근성이 좋다. 테이블에 놓인 터치패널을 통해 주문하는데, 한국어도 지원되기 때문에 큰 어려움은 없다. 그때그때 먹고 싶은 메뉴를 선택하거나 흐름이 끊기기 싫다면 한 번에 주문하자. 스시의 품질보다는 그리 높지 않은 가격대라는 게 장점인 곳이다. 일본에 온 만큼 스시 한 번은 먹고 가야겠다면 부담 없이 시도할 만하다. 테이크아웃 가능.

주소	名古屋市東区東桜1-11-1
위치	오아시스 21 지하 상점가에 위치
운영	월~금요일 10:45~22:00, 토 · 일요일 10:30~22:00
요금	접시 색에 따라 140~740엔 (세금 별도)
전화	052-963-6656

Food

6

토리카이 소혼케 鳥開総本家

나고야코친을 이용한 갖가지 닭 요리를 선보이는 식당이다. 그중에서도 '전 일본 돈부리(덮밥) 그랑프리'에서 5년 연속 금상을 수상한 오야코돈을 꼭 맛보자. 한 그릇 가득 채워지는 닭고기와 달걀은 달짝지근하면서도 남다른 풍미를 자아낸다. 무엇보다 부드러운 육질을 느끼는 순간 나고야코친이 사랑받는 이유를 알게 될 것이다. 이곳 라시크 지점은 커다란 창문 덕에 밝은 분위기에서 편안하게 식사할 수 있다. 주말에는 브레이크타임이 없다.

주소	名古屋市中区栄3-6-1
위치	라시크 7층
운영	11:00~15:30, 17:00~22:00
요금	오야코돈 단품 1,680엔
전화	052-259-6101
홈피	www.tori-kai.com

More & More 나고야코친

아이치현의 특산, 나고야코친名古屋コーチン은 일본 3대 토종닭 중 하나다. 아이치현과 인근 현을 중심으로 사육되고 있으며, 닭고기와 달걀 모두 고급 식재료로 여겨진다. 오야코돈, 데바사키, 꼬치구이 등의 요리에선 부드러운 육질을 즐길 수 있고, 노른자가 크고 색이 진한 나고야코친 달걀은 푸딩이나 케이크 같은 디저트에서 농후한 맛을 살리는 것으로 유명하다.

Food

7

마루하 식당 まるは食堂

나고야 사람들은 에비후라이를 '에비후랴'라고 한다는 말이 있다. 하지만 이는 1980년대 초 일본의 모 방송인이 한 조롱 섞인 농담이며 실제로는 나고야 사투리가 아니다. 이후 나고야 사람들은 새우튀김을 좋아한다는 편견이 생겨났는데, 이러한 이미지를 역이용이라도 하듯 나고야의 여러 가게에서 다양한 새우튀김 메뉴를 선보이기 시작했다. 그리고 오늘에 이르러 나고야의 명물로까지 자리 잡게 된 것이다. 마루하 식당은 신선한 해산물 요리를 선보이는 식당으로 이곳의 자랑 역시 새우튀김이다. 큼직하고 통통한 데다 어찌나 바삭바삭한지 첫입에 반하게 된다. 다만 입천장이 까지지 않게 주의하자. 추천 메뉴는 마루하 정식이며 생선회와 새우튀김, 밥, 절임, 된장국이 나온다. 코스 요리는 물론 어린이 정식도 갖추고 있어 가족 단위의 여행자에게도 추천한다.

주소 名古屋市中区栄3-6-1

위치 라시크 8층
운영 월~금요일
11:00~15:00, 17:00~22:00,
토 · 일 · 공휴일 11:00~22:00
요금 마루하 정식 1,830엔
전화 052-259-6701
홈피 www.maruha-net.co.jp

Food

히쓰마부시 나고야 빈초 ひつまぶし名古屋備長

마루야 혼텐, 아쓰다 호라이켄 등과 더불어 나고야의 명물 히쓰마부시를 맛볼 수 있는 또 한 곳의 유명 맛집이다. 입구에서 장어 굽는 모습을 볼 수 있고 센 불에서 구워낸 장어는 바삭바삭한 껍질에 더해 육질도 풍부하다. 장어 양이 많아짐에 따라 상, 특상, 극상, 궁극이란 이름이 더해진다. 일반 장어덮밥도 있고 장어 달걀말이 우마키うまき 또한 인기 메뉴. 어느 요일, 어느 시간대에 가든 기다림은 필수이기에 구글맵에서 예약하는 것을 추천한다(한 달 뒤까지). 이곳 라시크점 외에 나고야역 주변의 에스카 지하상가, 다이나고야 빌딩, 나고야성 근처의 긴샤치요코초 등에도 지점이 있다. 한국어 메뉴판도 갖추었다.

주소 名古屋市中区栄3-6-1
위치 라시크 7층
운영 11:00~15:00, 17:00~22:00
요금 히쓰마부시(0.75마리) 3,950엔,
우마키 1,550엔
전화 052-259-6703
홈피 hitsumabushi.co.jp

Food

9

쇼콜라트리 다카스 Chocolaterie Takasu

히사야오도리역 근처에 있는 조용한 분위기의 초콜릿 전문점이다. 세련되고 고급스러운 분위기로 꾸민 매장은 한 계단 높은 공간에 카페 자리도 마련돼 있다. 다만 테이블 수가 많지 않아 손님 대부분이 테이크아웃을 하는 편이다. 유기농 콜롬비아산 원두를 쓰는 커피와 초콜릿을 생크림에 녹인 쇼콜라 음료, 다양한 케이크와 초콜릿, 구운 과자, 파르페 등을 즐길 수 있다. 파르페를 제외하면 한국의 디저트류와 비교해 가격대도 비슷하다. 인기 메뉴는 '르 쇼콜라ルショコラ' 케이크. 젤라틴을 사용하지 않은 초콜릿 무스의 부드러운 질감과 피스타치오 크림, 라즈베리가 조화를 이룬다. 늦은 시간에 가면 인기 메뉴는 품절되는 편. 프랑스산 와인과 맥주 등도 판매한다.

주소 名古屋市中区丸の内3-19-14
위치 히사야오도리역 2A 출구에서 바로
운영 화~토요일 09:30~19:00, 일요일 10:00~18:00
휴무 월요일
요금 르 쇼콜라 650엔, 아이스 커피 600엔
전화 052-973-0999 홈피 www.chocolaterie-takasu.com

Food

10

가토 커피점 加藤珈琲店

클래식이 흐르는 차분한 분위기로 다양한 연령층이 방문한다. 매장이 좁고 워낙에 인기가 많아 금방 만석이 된다. 품질 좋은 스페셜티 커피를 맛볼 수 있으며 종류 또한 많다. 추천 메뉴는 유러피언 클래식 블렌드ヨーロピアンクラシックブレンド로 진한 커피를 좋아하는 이들에게 알맞다. 한국어나 영어로 된 메뉴가 없어 주문하는 데 불편함은 있지만 구글 번역 앱을 이용하거나 직원에게 추천 메뉴를 물어보자. 커피를 주문하면 빈 잔과 밀크, 크림부터 서빙되고 커피는 서버째로 나온다. 커피 맛을 천천히 음미하며 시간을 보내기 좋고, 모닝 메뉴(10:30까지)도 갖추고 있다.

주소 名古屋市東区東桜1-3-2
위치 지하철 히사야오도리역 3A 출구에서 도보 1분
운영 목~화요일 08:00~16:00
휴무 수요일
요금 유러피언 클래식 블렌드 418엔
전화 052-951-7676
홈피 www.katocoffee.ten.gorp.jp

Food

11

노가미 乃が美

오사카에 본점을 둔 식빵 전문점이다. 나고야에선 2015년에 개점하여 현재까지도 많은 손님을 모으고 있다. '고급 생生 식빵'을 캐치프레이즈로 내세우는데 그냥 먹어도 맛있다는 자부심에서 비롯되었다. 무엇보다 부드러운 식감이 일품이고, 각종 미디어에서 올해의 식빵이나 명품 식빵 10선 등에 꼽혔다. 식빵 이외에 다른 빵은 팔지 않고 가격도 저렴하진 않다. 그럼에도 긴 줄이 이어지며, 늦은 시간에는 매진된다.

주소 名古屋市中区栄2-15-16
위치 지하철 야바초역 6번 출구에서 도보 10분
운영 화~일요일 11:00~18:00
휴무 월요일
요금 레귤러 1,000엔, 하프 550엔
전화 052-202-9922
홈피 nogaminopan.com

Food

12

스즈메오도리 소혼텐 雀踊總本店

1856년부터 7대째 이어온 전통의 맛집으로 일본식 단맛을 즐기고 싶다면 방문해 보자. 나고야의 명물 우이로를 비롯해 팥, 떡, 계절과일, 우뭇가사리 묵이 들어가는 안미츠あんみつ, 일본식 팥죽 젠자이ぜんざい 등을 맛볼 수 있다. SNS에 사진 찍어 올리기 좋은 화려한 외형의 일본식 빙수 가키코오리かき氷도 인기다. 여름의 주력 메뉴지만 겨울에도 판매한다. 점심시간을 기점으로 손님이 몰리고 오후 4시 이후부터 비교적 한산하다. 그렇게 크지 않은 공간이지만 잉어가 헤엄치는 작은 연못까지 만들어 놓아 한적하고 여유로운 분위기를 조성했다.

우이로는 기본 흰색, 벚꽃, 단팥, 밤 · 말차, 흑설탕 외에 계절 한정 메뉴를 판매하기도 한다. 가게 초입에서 테이크아웃이 가능하다. 사람이 많지 않거나 재고가 남아 있으면 간혹 시식 서비스를 제공한다.

주소 名古屋市中区栄3-27-15
위치 마쓰자카야 남관 맞은편
운영 10:30~19:00
요금 한입 우이로(10개입) 1,300엔, 가키코오리 950~1,150엔
전화 052-241-1192
홈피 www.suzumeodori.com

More & More

여름의 맛, 가키코오리

여름이 되면 일본의 몇몇 카페나 식당 메뉴에 가키코오리가 추가된다. 또 가게 앞에는 '얼음 빙(氷)' 자가 적힌 깃발이 걸린다. 이는 19세기 말, 얼음 판매점이 급증함과 동시에 식중독에 걸리는 이들이 늘어나자 위생 검사에 합격한 가게만 '얼음 판매' 표시 깃발을 올릴 수 있었던 데서 유래한 거라고 한다.

일본의 가키코오리는 보통 우리나라 빙수와 달리 아무런 토핑 없이 곱게 간 얼음에 과일향 시럽을 뿌린다. 시럽에는 레몬, 딸기, 멜론 등 다양한 종류가 있는데 투명한 설탕 시럽만 뿌린 '진눈깨비'라는 뜻의 미조레みぞれ가 인기다. 말차 시럽과 팥앙금을 올린 '우지 긴토키宇治金時', 팥앙금을 올린 '긴토키' 등의 메뉴도 사랑받고 있다. 무더운 여름날 일본에서 맛보는 가키코오리는 여행의 재미를 더해줄 것이다.

Food

⑬

세카이노야마짱 世界の山ちゃん

닭과 맥주의 조화는 나고야에서도 통하는 진리다. 저녁 시간대에 안줏거리와 맥주 한잔을 즐기고 싶다면 단연 추천하는 가게다. 나고야가 있는 아이치현에만 30개가 넘는 지점이 있으며, 이곳 본점은 현지인은 물론 관광객도 많이 찾는다. 골목에 위치하지만 대기하는 사람들이 많아 쉽게 눈에 띈다. 가게 입구에서 직원의 안내를 받아 좌석을 선택하면 된다. 가장 유명한 데바사키는 짭짤하면서도 후추 향이 매우 강하며 맥주나 탄산음료가 절로 당기는 맛이다. 이 외에도 나고야의 명물인 텐무스와 미소돈가스 등의 메뉴까지 갖추었다. 테이블석, 다다미방, 카운터석까지 있는 2층짜리 건물이지만 빈자리가 없다면 테이크아웃도 가능하다. 숙소에서 편의점 맥주와 함께 즐겨보자.

주소	名古屋市中区栄4-9-6
위치	지하철 사카에역 13번 출구에서 도보 6분
운영	월~금요일 16:00~23:15, 토요일 15:00~00:15, 일 · 공휴일 15:00~23:15
요금	데바사키(5개) 550엔~
전화	052-242-1342
홈피	www.yamachan.co.jp

More & More 후라이보 VS. 세카이노야마짱

닭날개튀김인 데바사키는 나고야의 명물로 유명하다. 그만큼 여러 식당에서 데바사키 메뉴를 선보이는데, 가장 대중적이면서 유명한 곳은 후라이보와 세카이노야마짱이 있다. 둘 중 데바사키의 원조는 후라이보다. 1963년 개업해 자신들만의 전통적인 방법으로 닭날개를 튀긴다. 바삭하고도 짭조름한 맛은 중독성이 강하며 상단 부분을 떼어 내 닭고기만 분리해서 먹는 방법을 소개한다. 반면 세카이노야마짱의 가장 큰 특징에는 후추 향을 빼놓을 수 없다. 후라이보도 후추 향은 나지만 세카이노야마짱이 좀 더 자극적이다. 공통점이라 하면 데바사키 자체가 술을 부르는 메뉴라는 점. 음료 없이 먹는다는 건 거의 불가능할 정도이니 데바사키와 함께 기분 좋게 취해 보자. 가격 차이는 없지만 세카이노야마짱이 데바사키 이외에도 더 다양한 메뉴를 갖추고 있다.

Food

시마쇼우 島正

나고야 현지인들이 즐겨 찾는 도테야키(미소오뎅) 맛집이다. 1949년 포장마차로 개업하여 현재의 가게에 이르렀다. 검붉은 된장을 사용하기 때문에 시커먼 비주얼이 강렬한데, 겉보기와 달리 그렇게 짜진 않다. 추천 메뉴는 도테야키 모둠盛り合わせ이다. 무, 달걀, 두부, 곤약, 토란, 소 힘줄이 나온다. 단품만 골라도 되지만 무는 다른 세 종류 이상과 주문해야 한다. 자릿세 개념의 기본 안주가 추가된다.

주소 名古屋市中区栄2-1-19
위치 지하철 후시미역 5번 출구에서 도보 3분
운영 월~금요일 17:00~22:00
휴무 토 · 일 · 공휴일
요금 생맥주 660엔~, 도테야키 모둠 1,320엔~
전화 052-231-5977
홈피 shimasho.biz

Food

호루탄야 ほるたん屋

가성비 좋기로 소문난 고깃집이다. 주문은 물론 불판 교체도 QR코드를 통해 요청하면 된다. 곱창(호르몬)은 매일 나고야 식육 시장에서 가져오며, 우설은 40일에 걸쳐 천천히 숙성한 고기를 내놓는다. 갈비와 육회, 냉면 등도 즐길 수 있다. 무엇을 먹을지 고민된다면 오마카세 살코기 3종 모둠お任せ赤身3種盛이 무난하다. 평일 17:00~19:00에는 해피아워로 레몬 사워, 하이볼을 99엔으로 즐길 수 있다. 가성비 넘치는 가격으로 한국의 예능프로그램 〈미운 우리 새끼〉에도 소개된 적 있다.

주소 名古屋市中区栄3-2-33
위치 마루에이 갤러리아 옆 블록
운영 17:00~24:00
요금 오마카세 3종 모둠 1,298엔
전화 052-249-5529
홈피 www.horutanya.jp

Food

다이쇼수산 大庄水産

일본 내 여러 곳에 지점을 둔 이자카야로 비교적 저렴하게 생선회와 초밥을 즐길 수 있다. 맛이 훌륭하다기보다 활기찬 분위기에서 술 한잔 기울이기 좋은 곳이다. 점심에는 대체로 근처의 직장인들이 찾아와 정식 메뉴를 먹고 간다. 일본어 메뉴판이지만 사진과 함께 나와 있어서 주문하는 데 어려움은 없다. 하마야키浜焼き(통구이) 메뉴는 세트 혹은 단품으로 주문 가능하다. 테이블마다 준비된 화로 위에 오징어, 새우, 조개, 꼬치 등을 직접 구워 먹을 수 있다.

주소 名古屋市中区錦3-13-24

위치 사카에역 1번 출구에서 도보 3분
운영 월~토요일
11:00~14:00, 17:00~05:00,
일 · 공휴일 17:00~23:00
요금 초밥 모둠(8개) 1,380엔,
하마야키 2,680엔
전화 052-951-6157
홈피 www.daisyo.co.jp

Food

17 우동 니시키 うどん錦

10명 정도가 들어가 앉을 수 있는 작은 가게다. 자판기로 주문하고 자리를 찾아 앉으면 된다. 테이블 없이 카운터석만 있다. 식사 시간대에는 대기 줄을 피할 수 없지만 회전율이 빨라 오래 기다리진 않는다. 인기 메뉴는 카레 우동이며 점도 높은 국물과 탱글탱글한 면발을 즐길 수 있다. 다만 가게 주변이 유흥가이다 보니 늦은 시간에는 혼자 방문하는 것을 피하자.

주소 名古屋市中区錦3-18-9
위치 지하철 사카에역 1번 출구에서 도보 3분
운영 월~토요일
11:30~13:30, 18:00~24:00
휴무 일요일
요금 카레 우동 900엔
전화 052-951-1789

More & More 후루룩후루룩

자고로 우리네 어르신들이 음식을 먹을 때 소리 내 먹지 말라고 당부를 하셨건만 일본에서는, 특히 면류를 먹을 때 여기저기서 '후루룩' 소리가 들려온다. 면을 빨아들이는 소리가 우리로선 조금 거슬리기도 하지만 일본에서는 예의에 어긋난 행동이 아니다. 오히려 소리를 통해 '맛있게 먹고 있음'을 전하는 것이란다. 게다가 이렇게 '후루룩' 먹으면 음식 맛이 극대화된다는 연구 결과도 있다. 공기를 빨아들여 콧속에 더 진한 풍미가 퍼지는 원리라고. 정말인지 궁금하다면 라면이나 우동을 먹을 때 시도해 보자. 숙련자가 아니면 국물이 옷에 튈 수 있으니 주의해야 한다. 물론 후루룩 소리를 제외하고 쩝쩝거리며 먹는 것은 일본에서도 예의가 아니다.

Shopping
1

돈키호테 ドン·キホーテ

사카에 지역에만 2곳이 있는데 이곳 지점만 24시간 영업한다. 건물 맞은편에는 선샤인 사카에 대관람차가 있다. 1층부터 4층까지 식품, 잡화, 가전제품, 화장품, 의약품 등 다양한 물건을 판매한다. 생활용품을 비롯해 희한한 물건도 많아 구경하는 재미가 있다. 다만 통로가 좁아 다소 답답한 느낌이 있다. 대부분의 한국인 여행자는 식품(1층)과 의약품(4층) 쇼핑에 집중하는 편이다. 세금 포함 5,500엔 이상 구매 시 면세가 가능하고 면세 카운터는 4층에 자리한다. 카카오페이도 결제 가능. 돈키호테 외에도 나고야 거리 곳곳에 다양한 드러그스토어가 있는데, 같은 제품도 저마다 가격이 달라 어느 쪽이 더 저렴하다고 단정할 수는 없다. 손해 보고 싶지 않다면 여행하며 틈틈이 비교해 마지막 날 구매하거나 한 곳에 올인한 후 다른 곳은 거들떠도 안 보는 방법이 있다.

주소 名古屋市中区錦3-17-15
위치 지하철 사카에역 1번 출구
운영 24시간
전화 0570-060-211
홈피 www.donki.com

Shopping
2

미쓰코시 백화점 三越百貨店

미쓰코시는 도쿄에 본점을 둔 일본 최초의 백화점이다. 나고야의 지점은 사카에치카 지하상가 6번 출구에서 연결돼 접근성이 좋다. 쇼핑은 물론 식사와 디저트까지 한곳에서 해결 가능하며, 특히 지하 1층의 식품관은 들러볼 만하다. 저렴한 편은 아니지만 베이커리와 과자, 초콜릿을 좋아하는 이들에겐 천국 같은 곳이다. 무엇보다 게스트카드를 발급받으면 일부 브랜드에 한해 5% 할인이 가능한데, 엔저 현상과 함께 일본 특산품(?)으로 떠오른 명품 브랜드를 좀 더 저렴하게 구매할 수 있다. 9층에서 카드를 발급받고 물품 구입 후 다시 9층의 면세 카운터로 돌아와 세금을 환급받으면 된다.

주소 名古屋市中区栄3-5-1
위치 사카에치카 6번 출구에서 연결
운영 10:00~20:00
전화 052-252-1111
홈피 www.mitsukoshi.mistore.jp/nagoya.html

스카이루 Skyle

미쓰코시 백화점 맞은편에 자리한 대형 쇼핑몰이다. 한국에서도 쉽게 만날 수 있는 유니클로나 쓰리 코인스 플러스, 다이소 등의 중저가 브랜드들이 입점해 있다. 또한 유니클로와 같은 계열사인 GU는 품질이 좋다기보다 저렴한 맛에 사기 좋다. 특히 귀여운 디자인의 잠옷이나 양말 등을 추천한다. 이 외에도 북오프 슈퍼 바자와 식당가도 자리해 쇼핑을 마친 후 식사까지 해결할 수 있다.

주소 名古屋市中区栄3-4-5
위치 사카에치카 지하상가 7번 출구
운영 10:00~20:00
전화 052-251-0271
홈피 www.skyle.jp

북오프 슈퍼 바자 Bookoff Super Bazaar

일본의 유명한 중고 물품 판매점이다. 도서, 음반, 영화, 게임은 물론 의류 및 잡화, 액세서리, 명품 브랜드 등을 취급한다. 중고품에 관심이 없다면 그리 흥미롭지 않을 수도 있지만 워낙 물건이 많아 볼거리는 풍부하다. 스카이루는 오후 8시에 문을 닫지만 이곳은 사카에치카에서 연결되는 지하의 엘리베이터를 이용해 오후 9시까지 입장할 수 있다.

위치 스카이루 8층
운영 10:00~21:00
전화 052-238-3361

다이소 ダイソー

나고야에 자리한 다이소 매장 중 큰 규모를 자랑한다. 찾는 물건이 있다면 직원에게 물어보는 것이 빠르지만 다양한 물건들을 구경하며 직접 찾아내는 재미 또한 존재하는 곳이다. 100엔 숍으로 유명하지만 세금은 별도이기 때문에 실제로는 108엔 또는 110엔이라고 생각하면 된다. 집안 곳곳에서 쓸 수 있는 다양한 생활용품을 비롯해 화장품이나 과자 등의 먹을거리까지 모든 것이 모여 있다. 추천 상품은 p.45를 참고하자.

위치 스카이루 7층
운영 10:00~20:00
전화 080-4122-7747

Shopping
4

로프트 Loft

일본을 대표하는 버라이어티 숍이다. 사카에 노바 건물 3층부터 6층까지 화장품, 생활용품, 문구, 잡화 등이 분야별로 모여 있고 층별 이동도 쉽다. 보통은 5층의 문구류 코너를 많이들 방문하며 여행 기념품용으로 사기 좋은 자질구레한 상품이 많다. 아기자기한 걸 좋아하거나 다이어리 꾸미는 취미가 있다면 마스킹 테이프, 귀여운 스티커 제품 등을 추천한다. 참고로 사카에 노바는 스카이루의 남쪽 옆에 위치한다. 이름은 다르지만 서로 연결되어 있는, 사실상 하나의 건물이다.

주소 名古屋市中区栄三丁目4-5
위치 사카에치카 지하상가 7번 출구. 사카에 노바 3~6층
운영 10:00~20:00
전화 052-243-6210
홈피 www.loft.co.jp

Shopping
5

오니츠카 타이거 Onitsuka Tiger

1949년 설립된 회사로 오늘날 브랜드 아식스의 전신이다. 1953년 마라톤 전용 운동화 개발을 시작으로 스포츠계 지명도를 높였고, 1964년 도쿄올림픽에서 오니츠카의 운동화를 신은 일본 선수들이 체조, 배구, 마라톤 등에서 메달을 따내며 인기를 얻었다. 1977년 세 기업 간 인수 합병을 통해 사명을 아식스로 바꿨지만, 2002년 브랜드의 오리지널리티를 되찾고자 옛 이름을 꺼내어 라이프스타일 브랜드로 새롭게 론칭했다. 영화 〈킬 빌〉의 주인공이 노란색 트레이닝복에 맞춰 신은 노란색 운동화로 세계적 인지도가 높아졌고, 많은 마니아층이 있다. 한국에도 매장이 있지만 일본에서 구매할 시 더 저렴하다.

주소 名古屋市中区栄3-4-5
위치 사카에치카 지하상가 7번 출구. 사카에 노바 1층
운영 10:00~20:00
전화 052-261-6631
홈피 www.onitsukatiger.com/jp/ja-jp/store/onitsuka-tiger-nagoya

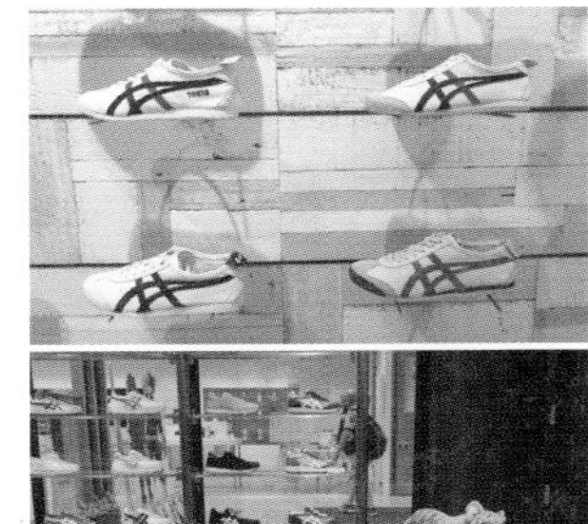

Shopping

라시크 Lachic

세련된 이미지의 백화점으로 미쓰코시와 이웃해 있다. 비교적 젊은 취향의 브랜드가 많은 편이며 한국인 여행자들은 꼼 데 가르송과 마가렛 호웰 등을 많이 찾는다. 브랜드 인기 상품의 경우 오전 중에 품절되기도 한다. 세금 환급은 결제 시 매장에서 처리해줘서 면세 카운터에 갈 필요가 없다. 의류, 화장품, 잡화 매장 외에도 유명한 식당들이 입점해 있는데, 하브스(2층)와 토리카이 소혼케(7층)를 비롯해 지하 1층의 맛집들도 놓치지 말자. 특히 팬케이크 전문점 플리퍼스Flipper's는 이른 시간부터 대기 줄이 이어진다.

주소 名古屋市中区栄3-6-1
위치 지하철 사카에역 16번 출구에서 도보 2분
운영 11:00~21:00 (7~8층은 23:00까지)
전화 052-259-6666
홈피 www.lachic.jp

꼼 데 가르송 Comme des Garçons

'소년들처럼'을 뜻하는 불어지만 레이 가와쿠보가 설립한 일본 브랜드다. 메인 라인은 혁신적이고 도전적인 스타일로 호불호가 갈리는 편이다. 특히 하트 로고가 유명한데, 이는 캐주얼하면서 저렴한 가격대인 플레이 라인이다. 한국에도 매장은 있지만 일본에서 사는 게 더 저렴하다. 나고야에는 라시크와 JR 나고야 다카시마야에서 만나 볼 수 있다. 인기 아이템인 스트라이프 보더티나 카디건의 경우 오전 일찍 가지 않으면 재고를 건지기 쉽지 않다.

위치 라시크 1층
전화 052-259-6302

마가렛 호웰 Margaret Howell

일본에서 인기 있는 영국 브랜드로, 내추럴하면서 편안한 디자인을 선보인다. 한국인 여행자들은 주로 에코백을 많이들 사 간다. 천 가방 주제에(?) 가격은 좀 나가지만 넉넉한 크기와 탄탄한 소재(혹은 이름발)로 꾸준히 인기 있다. 한국에서도 해외 직구는 가능하지만 일본에서 더 저렴하게 판매한다. 거기에 더해 5,000엔 이상은 세금 환급도 가능하니 마음에 드는 물건이 있나 천천히 살펴보자.

위치 라시크 3층
전화 052-259-6356

Shopping

7

마쓰자카야 백화점 松坂屋百貨店

1910년 설립된 마쓰자카야 본점이다. 전반적인 백화점 불황 속에서도 오랜 전통 덕에 나고야 시민들의 지지를 받고 있다. 건물은 본관과 남 · 북관으로 나뉘며, 중저가부터 명품 브랜드까지 다양한 가격대의 매장이 자리한다. 본관 5층에는 디즈니 스토어와 포켓몬센터, 산리오 등이 자리해 있어 아이들이 좋아한다. 이 외에도 하브스, 야바톤, 아쓰다 호라이켄 등의 맛집과 전자제품 할인 매장 요도바시 카메라도 입점해 있다.

주소 名古屋市中区栄3-16-1
위치 지하철 야바초역 5번 출구에서 남관, 6번 출구에서 본관 연결
운영 10:00~20:00
※매장마다 영업시간 다름
전화 052-251-1111
홈피 www.matsuzakaya.co.jp/nagoya

↳ 프랑프랑 Francfranc

마쓰자카야 북관 가까이에 있던 단독 매장이 사라지고 현재는 마쓰자카야 백화점 내에 입점해 있다. 인테리어 소품은 물론 식기, 주방용품, 생활용품 등을 판매한다. 아기자기하고 귀여운 소품들이 눈길을 끄는데, 질적으로 뛰어나다고 할 수는 없지만 여행 기념품을 사기 좋다. 미키마우스 식판과 토끼 모양 주걱, 아이스크림 또는 마카롱 모양의 스펀지 수세미 등은 한국인 여행자들 사이에서 스테디셀러다.

위치 남관 2층 운영 10:00~20:00
전화 034-216-4021 홈피 www.francfranc.com

↳ 포켓몬센터 ポケモンセンター

1990년대 후반 우리나라 초등학생들의 마음을 사로잡더니 불과 몇 년 전에는 다 큰 성인들도 공원 근처를 배회하게 만든 주인공, 바로 포켓몬이다. 이 '주머니 속의 괴물'은 지금도 여전히 인기가 많은데, 캐릭터 상품들로 가득한 포켓몬센터 역시 인기 있는 쇼핑 장소다. 인형, 쿠션, 노트, 연필, 편지지 등 다양한 상품과 만날 수 있다. 백화점 본관 5층에 이르면 포켓몬센터로 향하는 화살표가 바닥에 그려져 있어 그대로 따라가면 된다.

위치 본관 5층
운영 10:00~19:00 전화 052-264-2727

8

파르코 PARCO

일본 전역에 지점을 둔 쇼핑센터로 젊은 층이 선호하는 브랜드가 주를 이룬다. 손님들의 연령층만 봐도 다른 백화점에 비해 어린 학생들이 많은 편이다. 동 · 서 · 남 · 미디관으로 이루어진 큰 규모이기 때문에 관심 브랜드가 있다면 층별 안내 지도에서 확인한 후 찾아가도록 하자. 참고로 미디관은 서관과 붙어 있지만 연결 통로는 따로 없다. 빔스를 비롯한 여러 편집 숍과 한국에서보다 저렴하게 살 수 있는 무지, 러쉬 등도 입점해 있다.

주소 名古屋市中区栄3-29-1
위치 지하철 야바초역에서 동관 연결
운영 전관 10:00~21:00,
서관 7~8층 11:00~22:30
전화 052-264-8111
홈피 nagoya.parco.jp

↳ 무지 MUJI(無印良品)

한국에서도 인기 있는 라이프스타일 브랜드로, 의류 및 생활용품을 비롯해 가구나 식품 등의 다양한 품목을 판매한다. 대부분의 상품이 간결한 디자인과 튀지 않는 색상으로 이루어져 있다. 우리나라에도 매장은 많지만 일본에서 사는 게 좀 더 저렴한 편이다. 또한 일본에서만 파는 상품도 있으니 한 번쯤 들러볼 만하다. 마루에이 갤러리아 2층에도 크게 자리한다.

위치 서관 지하 1층

↳ 러쉬 Lush

영국의 핸드메이드 화장품 브랜드로, 한국에도 매장은 있고 인터넷 구매 또한 가능하다. 다만 우리나라의 판매 가격이 영국이나 일본에 비하면 비싸기 때문에 일본 여행 시 구매해야 하는 브랜드로 꼽힌다. 대표적인 상품은 향기만 맡아도 기분이 좋아지는 입욕제나 각질 제거에 좋은 엔젤스 온 베어 스킨, '슈렉팩'이라고도 불리는 마스크 오브 매그너민티 등이다. 직원에게 문의하면 매장에서 직접 사용해 볼 수도 있다.

위치 서관 지하 1층

Shopping

9

마루에이 갤러리아 Maruei Galleria

마루에이 백화점이 있던 자리에 2022년 새롭게 오픈한 상업 시설이다. 지쇼크(지샥), 이솝 등이 입점해 있고, 특히 2층은 층 전체가 무지 매장으로 사카에의 지점 중 가장 큰 규모다. 파르코의 무지 매장에서 볼 수 없던 제품도 찾아볼 수 있다. 3층 푸드코트는 버거, 라멘, 스시 등의 메뉴 외에 한국 음식도 갖추었다. 산지와 신선도를 철저하게 따진 음식만을 고집하는 슈퍼마켓 팬트리도 구경하는 재미가 있다.

주소 名古屋市中区栄3-3-1
위치 사카에치카 지하상가 S8번 출구에서 바로
운영 1 · 2층 10:00~21:00, 3층 11:00~23:00
전화 052-211-7290
홈피 maruei-galleria.jp

Shopping

새터데이즈 NYC Saturdays NYC

2009년 뉴욕에서 처음 시작된 라이프스타일 브랜드로 카페를 겸하고 있다. 일본에서는 나고야를 비롯해 도쿄, 오사카 등에 매장이 있다. 서핑 관련 제품과 베이직한 패션 아이템을 선보이며 군더더기 없이 깔끔한 스타일을 좋아한다면 들러볼 만하다. 1층은 카페, 2층은 쇼핑 공간으로 구성돼 있고 전체적으로 세련된 분위기다. 카페는 여럿이서 오래 앉아 있을 만한 곳은 아니지만 매우 부드러운 라테를 즐길 수 있다.

주소 名古屋市中区栄3-19-7
위치 지하철 야바초역 6번 출구에서 도보 6분
운영 11:00~20:00(카페는 19:00까지)
전화 052-265-6447
홈피 www.saturdaysnyc.com

Shopping

점프 숍 Jump Shop

1968년 창간해 수많은 명작을 탄생시킨 《주간 소년 점프》의 캐릭터 숍이다. 오아시스 21에 자리해 있던 매장이 지금의 장소로 이전하며 규모가 더 커졌다. 『드래곤볼』, 『원피스』, 『나루토』, 『하이큐!!』, 『슬램덩크』 등 인기 만화 속 캐릭터들을 한자리에서 만나 볼 수 있고 벽면 곳곳에 그려진 만화도 눈길을 끈다. 만화책, 문구류, 의류, 피규어, 포스터 등 다양한 굿즈를 판매하며 일부 상품은 사진 촬영이 불가하다. 만화에 큰 관심이 없어도 어디선가 한 번쯤은 들어본 적 있는 작품들이라 가볍게 구경하기 좋다.

주소 名古屋市中区栄3-28-11
위치 파르코 건물 맞은편
운영 10:00~21:00
전화 052-265-8211
홈피 www.shonenjump.com/j/
jumpshop

Shopping

마루젠 丸善

1869년 창업한 일본의 대형 서점 체인이다. 지하 1층부터 지상 7층까지 자리해 나고야 내에서도 큰 규모를 자랑한다. 2층에는 문구류 코너가 있으며 마그넷과 같은 기념품이나 사무용품, 필기도구, 편지지 등을 판매한다. 일반 서적은 물론 학술도서와 외서 등을 다루는데 만화책은 거의 없고 도서 구매 시 1층에서만 결제 가능하다. 전반적으로 조용한 분위기이며 얼핏 도서관 느낌도 난다.

주소 名古屋市中区栄3-8-14
위치 지하철 사카에역 8번 출구에서 도보 4분
운영 10:00~21:00
전화 052-238-0320

Tip 숙소 예약 전 알아두기

1. 예약사이트를 비교할 것

이 책에 소개된 숙박비는 공식 홈페이지를 기준으로 하였다. 다만 성수기와 비수기, 평일과 주말에 따라 수시로 달라지니 참고만 하자. 예약 시에는 아고다, 호텔스컴바인 등의 예약사이트를 이용하는 게 좋다. 프로모션이나 할인코드 등을 발급하기 때문에 공식 홈페이지보다 저렴하다. 또한 사이트마다 예약 가능한 숙소 및 가격 등이 다르므로 꼼꼼하게 비교해 보자. 공식 홈페이지에서는 숙박 외 패키지 상품을 묶어서 판매하는 경우도 많다.

2. 개업 날짜를 믿지 말 것

코로나 팬데믹 기간에 나고야의 많은 호텔도 폐업을 하게 되었다. 그러는 와중에 새롭게 문을 연 호텔도 있는데, 이전 시설을 그대로 유지하고 이름만 바꿨거나 아주 살짝만 리모델링한 경우도 없지 않다. 최신이라고 해서 정말 최신식은 아닐 수 있다는 점을 알아두자.

Stay : 3성급

컴포트 인 나고야 사카에 에키마에

Comfort Inn Nagoya Sakae Ekimae

사카에역 2번 출구에서 도보 1분 거리에 있다. 건물 1층에 패밀리마트가 있고 길 건너 맞은편에 돈키호테도 자리한다. 로비는 2층이고 셀프 체크인/체크아웃 기기가 있어 편리하다. 라운지에 어메니티와 웰컴 드링크 서비스가 준비돼 있고 조식은 새우튀김 샌드위치 또는 덴무스가 도시락으로 제공된다. 객실은 특별한 인테리어 없이 깔끔하게 정리된 비즈니스호텔이다.

주소 名古屋市中区錦3-16-30
위치 지하철 사카에역 2번 출구에서 도보 1~2분
요금 더블 8,300엔~
전화 052-951-1411
홈피 www.choice-hotels.jp/inn/nagoyasakae

Stay : 3성급

도미 인 프리미엄 ドーミーインPremium名古屋栄

한국에도 지점이 있는 호텔 체인이다. 사카에역과 후시미역 사이에 위치하며 후시미역에서 조금 더 가깝다. 역세권이라 할 수는 없으나 호텔 근처에 공항버스 정류장이 있어 공항까지 오가는 데 편리하다. 2층에는 넓진 않지만 대욕장이 자리해 피로를 씻어낼 수도 있다. 체크인 시 한국어로 적힌 호텔 안내문을 받게 되는데, 온천 이용 방법과 무료 야식 서비스 등에 대한 안내가 적혀 있다. 방은 일반적인 비즈니스호텔에 비해 넓은 편이고 화장실에 욕조는 없다(샤워부스만 있음). 전반적으로 투숙객들의 만족도가 높은 편.

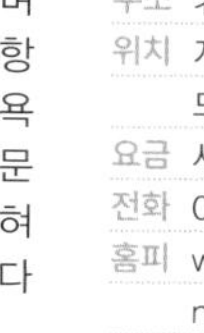

주소 名古屋市中区錦2-20-1
위치 지하철 후시미역 2번 출구에서 도보 5분
요금 세미 더블 9,800엔~
전화 052-231-5489
홈피 www.hotespa.net/hotels/nagoyasakae

Stay : 3성급

③

코코 호텔 나고야 사카에 Koko Hotel Nagoya Sakae

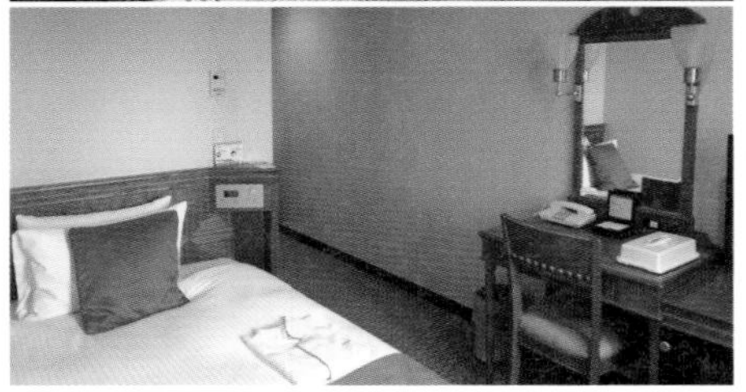

사카에역은 물론 미라이 타워와 오아시스 21 등의 명소와 가까운 최적의 위치를 자랑한다. 2022년 새롭게 오픈했지만 이전의 호텔을 리브랜드한 것이므로 최신식을 기대하진 말자. 내부는 옛 향수를 불러일으키는 고풍스러운 분위기로 꾸며져 있고, 다양한 객실 타입을 갖추었다. 초등학생 미만의 어린이가 보호자와 같은 침대를 쓰는 것에 한해 추가 요금을 받지 않는다. 흡연실과 금연실이 나누어져 있으니 예약 시 꼭 확인하자.

주소 名古屋市中区錦3-15-21
위치 지하철 사카에역 2 · 3번 출구에서 도보 2분
요금 컴포트 더블 8,100엔~
전화 052-961-0082
홈피 koko-hotels.com/nagoya_sakae

Stay : 3성급

더 비 나고야 The B Nagoya

건물 바깥쪽의 에스컬레이터가 호텔 로비와 연결된다. 체크인 후에는 건물 안쪽의 엘리베이터를 이용해 객실로 이동할 수 있다. 비즈니스호텔답게 방과 화장실 크기가 작은 편이다. 맞은편에는 라시크와 미쓰코시 백화점 등 쇼핑 공간이 모여 있고, 미라이 타워나 오아시스 21도 가깝게 위치한다. 근처의 다른 호텔과 비교하면 저렴한 축에 속한다.

주소 名古屋市中区栄4-15-23
위치 지하철 사카에역 13번 출구에서 근접
요금 스탠더드 싱글 6,640엔~
전화 052-241-1500 홈피 nagoya.theb-hotels.com

Stay : 3성급

호텔 포르자 나고야 사카에 Hotel Forza Nagoya Sakae

필요한 것을 필요한 만큼 배치한다는 숙박 중시형 콘셉트로 2021년 3월에 개업했다. 로비는 3층에 있고 11개 종류의 객실 타입 모두 금연 룸이다. 최신 호텔답게 객실 TV에 유튜브 등을 연결할 수 있고 객실 유형에 따라 스타일러, 안마기 등도 갖추었다. 무엇보다 지하철역, 백화점, 관광지 등 어디든 쉽게 이동할 수 있는 최적의 위치라는 것이 장점이다. 같은 블록에 애플 스토어도 자리한다. 초등학생 이하의 어린이는 어른과 같은 침대를 이용하는 것에 한해 무료다.

주소 名古屋市中区栄3-17-25
위치 지하철 야바초역 5번 출구에서 도보 5분
요금 포르자 더블 7,400엔~
전화 052-238-1588
홈피 www.hotelforza.jp/nagoyasakae

Stay : 4성급

힐튼 나고야
Hilton Nagoya

후시미역에서 가까운 4성급 호텔이다. 글로벌 체인 호텔답게 여러모로 중간 이상이다. 위치가 조금 애매한 감이 있지만 수영장 이용을 원하는 투숙객이라면 고려할 만하다. 조금 오래돼 보이는 외관과 달리 내부는 최신식으로 잘 꾸며져 있다. 직원들도 친절하고 영어 응대도 능숙하다. 좋은 서비스를 받으며 편안하게 묵고 싶다면, 혹은 부모님과 함께하는 여행이라면 추천한다. 자전거 대여 가능.

주소 名古屋市中区栄1-3-1
위치 지하철 후시미역 6번 출구에서 도보 4분
요금 패밀리 디럭스 29,925엔~
전화 052-212-1111
홈피 www.hilton.com

Stay : 4성급

나고야 간코 호텔 Nagoya Kanko Hotel

오랜 역사를 지닌 호텔로 후시미역에서 가깝다. 오피스 거리에 위치하고 있어 비즈니스 여행객의 이용도가 높고 한밤중의 소음도 적다. 프런트 직원들은 친절하며 영어 응대 또한 능숙하다. 일반적인 일본 호텔과 비교하면 객실의 크기도 무난한 편. 조식 역시 좋은 평가를 얻고 있으며, 숙박이 아닌 호텔 내 레스토랑만 찾는 이들도 많다. 호텔 앞에 공항버스가 정차하여 매우 편리하다.

주소 名古屋市中区錦1-19-30
위치 지하철 후시미역 9번 출구에서 도보 3분
요금 더블 24,700엔~ 전화 052-231-7711
홈피 www.nagoyakankohotel.co.jp

Stay : 4성급

나고야 도큐 호텔 Nagoya Tokyu Hotel

흔히 말하는 역세권은 아니지만 훌륭한 서비스로 여행자들의 만족도가 높다. 호텔 내에 다양한 레스토랑과 쇼핑 공간이 있고, 조식 또한 갖가지 메뉴를 선보인다. 무엇보다 호텔 바로 앞에 공항버스가 정차하기 때문에 공항에서 수월하게 이동 가능하다(2024년 8월 기준 하차만 운행). 객실은 서양식 침대방과 일본식 다다미방을 갖추고 있는데, 여성 1인의 경우 레이디스 룸에서도 묵을 수 있다. 여성을 위한 치유의 공간을 콘셉트로 하여 안마의자와 탄산수 샤워 장치 등이 자리한다. 안마의자 때문에 호텔 밖으로 나가는 게 싫어질 정도!

주소 名古屋市中区栄4-6-8
위치 지하철 사카에역 12번 출구에서 도보 7분
요금 레이디스 룸 17,700엔~
전화 052-251-2411
홈피 www.tokyuhotels.co.jp/nagoya-h

• Special Page 1 •

타박타박 동네 산책
가쿠오잔(覚王山)

사카에역에서 지하철을 타고 10분 정도 지나면 깔끔하고 조용한 동네인 가쿠오잔에 다다른다. 분주한 걸음에서 벗어날 수 있는 곳으로, 도시의 복잡함에 지친 여행자에게 잘 어울린다. 예스러움과 새로움이 공존하는 거리에는 다양한 가게들이 개성을 드러내며 자리한다. 든든한 정식 요리로 한 끼를 해결한 후 세련된 디저트 가게를 살펴보거나 나고야의 명물인 오니만주를 즐길 수도 있다. 주말이나 계절에 따른 축제가 열릴 때면 한적한 거리 위는 금세 풍성해진다. 또한 일본에서는 유일하게 부처님의 유골이 안치돼 있는 닛타이지日泰寺도 만나 볼 수 있다. 태국 국왕이 보내온 부처님의 유골을 안치하기 위해 지은 사원으로 '일본과 태국의 사원'이라는 이름이 붙었다. 태국 짜끄리 왕조 제5대 왕의 동상이 있다.

주소 名古屋市千種区山門町2
위치 지하철 가쿠오잔역
홈피 kakuozan.com

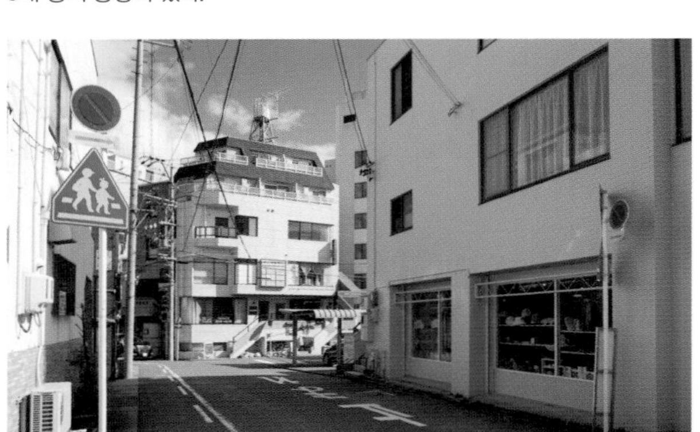

화려한 스위츠
셰 시바타 Chez Shibata

가쿠오잔에 있는 유명한 디저트 가게다. 사람들이 줄을 서서 기다릴 만큼 인기가 많은데, 테이크아웃도 가능하니 걱정하지 말자. 마카롱, 에클레어, 케이크 등의 디저트가 진열대를 가득 채우고 있으며, 그 화려하고도 어여쁜 모습은 보는 것만으로도 행복해진다.

주소 名古屋市千種区山門町2-54
위치 지하철 가쿠오잔역 1번 출구에서 도보 3분
운영 수~월요일 10:00~19:00
휴무 화요일
요금 케이크류 500~1,000엔
전화 052-762-0007

형형색색 도넛

자라메 나고야 Zarame Nagoya

아이치현에만 지점을 두고 있는 도넛 가게다. 간판과 매장 인테리어, 메뉴 등은 1930~40년대 미국 스타일을 재현한 것이다. 도넛 외에도 버거나 파스타 등의 식사 메뉴와 음료 포함 세트 메뉴, 모닝(09:00~11:00)까지 갖추었다. 안으로 들어서면 쇼케이스에 진열된 형형색색의 도넛들이 가장 먼저 눈길을 끈다. 무엇을 먹어야 할지 고민이라면 '오스스메おすすめ'라고 적힌 추천 도넛을 선택해 보자. 계절에 따라 한정 메뉴도 출시한다. 테이블과 의자가 낮아 식사할 때 조금 불편할 수 있다. 가쿠오잔까지 둘러볼 계획이 없다면 마쓰자카야 백화점 본관에도 입점해 있으니 참고하자.

주소 名古屋市千種区山門町2-2-36
위치 가쿠오잔역 1번 출구에서 도보 3분, 셰 시바타 맞은편
운영 09:00~20:00
요금 헤이즐몬드 330엔, 레드벨벳 360엔
전화 052-763-7662
홈피 zarame.co.jp

소박한 단맛

바이카도 梅花堂

가쿠오잔에서 단연 추천하는 가게로, 오니만주를 맛볼 수 있다. 오니만주는 박력분과 설탕 반죽에 네모나게 자른 고구마를 넣어서 찐 화과자다. 달거나 텁텁하지 않고 탱탱한 식감을 즐길 수 있다. 워낙 인기가 많아 오후 늦게는 품절되는 편이며, 유통 기한이 당일이므로 선물용으로는 무리가 있다. 카드 구매 불가.

주소 名古屋市千種区末盛通1-6-2
위치 지하철 가쿠오잔역 1번 출구에서 도보 2분
운영 08:00~17:00(오니만주는 09:00부터)
휴무 부정기
요금 오니만주 180엔
전화 052-751-8025

조용한 안식처

파피톤 Papiton

닛타이지 근처에 자리한 카페다. 초록빛 테라스를 지나 안으로 들어서면 따뜻하고 아늑한 분위기를 느낄 수 있다. 매일 정성껏 굽는 과자, 타르트, 케이크와 커피, 밀크티, 차, 매실 주스 등을 판매한다. 베이커리류는 계절에 따라 라인업이 달라진다. 주말에는 음료 외에 디저트도 주문해야만 한다(테이크아웃 제외).

주소 名古屋市千種区山門町1-1
위치 가쿠오잔 1번 출구에서 도보 6분, 닛타이지 사찰 정문에서 도보 1분
운영 월 · 화요일 11:00~18:00, 토 · 일요일 11:00~17:00
휴무 수~금요일 및 부정기
요금 블렌드 커피 550엔, 매실 주스 600엔
전화 052-752-3146
홈피 papiton3.com

• Special Page 2 •

사랑하는 사람과 함께
히가시야마 동·식물원(東山動植物園)

59만㎡인 일본 최대급 면적에 동물원과 식물원은 물론 유원지도 자리한다. 연간 입장객 수는 도쿄의 우에노 동물원에 버금갈 정도인데 평일 오전에 방문하면 조금 한가한 편이다. 코끼리, 사자, 호랑이, 기린 등의 인기 동물과 고릴라, 침팬지 등의 유인원, 바다사자와 물범 및 다양한 희귀동물도 만날 수 있다. 특히 '이케맨(꽃미남) 고릴라'로 유명해진 샤바니는 히가시야마 동물원의 슈퍼스타로 관련 굿즈도 넘쳐난다.

정문에서부터 쭉 직진하면 호수와 육교를 지나 식물원에 이른다. 식물원은 나고야의 벚꽃 명소이기도 한데, 특히 '벚꽃 통로' 구간을 놓치지 말자. 거기에 더해 국가 중요 문화재로 지정된 일본에서 가장 오래된 온실도 볼거리다.

소설가 무라카미 하루키는 여행을 가면 그 지역의 동물원에 가는 걸 좋아한다고 한다. 그는 나고야 취재 중 방문한 히가시야마 동물원을 "아주 여유롭고 기분 좋은 곳"이라고 했다(무라카미 하루키, 『무라카미 하루키 잡문집』, 비채, 2011). 또한 동물을 보는 것보다 동물을 보는 사람을 보는 게 더 재미있을 때도 많다고. 난생처음 호랑이를 보고 얼어버린 아이와 그 모습에 웃음을 터뜨리는 부모를 보면 그의 말이 이해가 된다. 어쩌면 이곳은 동물이나 식물이 아닌, 사랑하는 사람의 행복을 보기 위한 공간일지도 모른다.

주소 지하철 히가시야마코엔 東山公園역 3번 출구에서 도보 3분. 식물원부터 방문할 시 호시가오카 星ヶ丘역 6번 출구 이용
운영 화~일요일 09:00~16:50
휴무 월요일, 12월 29일~1월 1일
요금 성인 500엔, 중학생 이하 무료
※동 · 식물원+스카이 타워 공통관람권 640엔
전화 052-782-2111
홈피 www.higashiyama.city.nagoya.jp

낮이나 밤이나 훌륭한 전망

히가시야마 스카이 타워 Higashiyama Sky Tower

히가시야마 동 · 식물원 내에 자리한 전망대로 나고야 시제 100주년을 기념하며 1989년에 지어졌다. 현재는 나고야 동부의 랜드마크로 자리 잡아 사람들의 발걸음이 이어지고 있다. 2015년에는 '연인의 성지'로 선정되었으며 4층 전망실에 기념비와 사랑의 나침반 등을 설치했다. 5층은 지상 100m에 위치한 파노라마 전망실로 나고야 시내를 360도로 감상할 수 있다. 주변에 다른 높은 건물이 없어 탁 트인 전망을 감상할 수 있는데, '일본의 야경 유산', '야경 100선'에 선정될 만큼 아름다운 풍경이 펼쳐진다. 앉을 공간이 있어 잠시 쉬어갈 수 있고, 기념품 숍도 자리한다.

운영 화~일요일 09:00~21:30
휴무 월요일, 12월 29일~1월 1일
요금 성인 300엔, 중학생 이하 무료
전화 052-781-5586
홈피 www.higashiyamaskytower.jp

Osu
오스

와카미야오도리 若宮大通
몬젠마치도리 門前町通
아카몬도리 赤門通
오스칸논역
大須観音駅
오스칸논
大須観音
수요일의 앨리스
水曜日のアリス
오스칸논도리 大須観音通り
미소니코미 다카라
味噌にこみたから
코메효
Komehyo
호텔 아베스트 오스칸논 에키마에
Hotel Abest Osu Kannon Ekimae
세리아
Seria
아오야기 소혼케
青柳総本家
반쇼지도리 万松寺通
쓰키지 긴다코
築地銀だこ
긴노안
銀のあん
칸논 커피
Kannon Coffee
니이스즈메 혼텐
新雀本店
솔로 피자 나폴레타나
Solo Pizza Napoletana
후시미도리 伏見通
오스도리 大須通
N
오스

와카미야오도리 若宮大通
야바톤
矢場とん
우라몬젠초도리 裏門前町通
오쓰도리 大津通
슈퍼 포테이토
スーパーポテテ
아카몬도리 赤門通
슈퍼 키즈 랜드
Super Kids Land
리상노 타이완 메이부츠 야타이
李さんの台湾名物屋台
만다라케
まんだらけ
신텐치도리 新天地通
덴무스 센주
天むす千寿
콘파루
コンパル
트립 앤 슬립 호스텔
Trip & Sleep Hostel
오스 베이커리
大須ベーカリー
리상노 타이완 메이부츠 야타이
李さんの台湾名物屋台
반쇼지도리 万松寺通
이마이 소혼케
今井総本家
우라몬젠초도리 裏門前町通
리상노 타이완 메이부츠 야타이
李さんの台湾名物屋台
다코사키
たこ咲
후레아이 광장
ふれあい広場
마네키네코
오쓰도리 大津通
오스도리 大須通
가미마에즈역
上前津駅
호스텔 니코
Hostel Nico

• Information •

오스(大須)

나고야에서도 손꼽히는 관광지로 남녀노소를 불문하고 수많은 여행자들이 찾아온다. 지명의 유래가 된 오스칸논이 자리하는 데다가 도쿄의 아키하바라, 오사카의 니혼바시에 이어 일본의 3대 전자상가로 불린다. 또한 전자상가로 유명한 지역이 대개 그렇듯 오타쿠들이 모여들며 서브컬처의 성지가 되었다. 현재 전자상가의 규모는 작아진 편이나 만화책, DVD, 게임, 피규어, 장난감 등을 취급하는 상점은 꾸준한 인기다. 거기에 더해 총길이 1,700m가 넘는 오스상점가에는 의류와 잡화, 중고 가게 등 1,200여 개의 상점이 자리한다. 세계 각국의 국기를 내걸고 선보이는 다국적 맛집들도 오스만의 볼거리이자 즐길 거리! 오감을 만족시키는 이곳, 오스의 매력은 하나의 단어만으로는 설명할 수가 없다.

드나들기

❶ 중부국제공항에서 오스로 이동

공항에서 메이테쓰 열차를 이용해 가나야마金山역에서 하차한다. 이후 지하철 메이조선名城線으로 환승하여 가미마에즈上前津역에서 내리거나 쓰루마이선鶴舞線으로 한 번 더 환승해 오스칸논大須観音역에서 내리면 된다. 공항에서 가나야마역까지 메이테쓰 열차의 소요 시간 및 가격은 p.233를 참고하자.

❷ 시내 이동

도보

사카에 지역과 오스는 비교적 가까운 거리에 위치한다. 사카에의 중부전력 미라이 타워에서부터 걷는다 치면 약 25분 정도가 소요된다. 거리도 익힐 겸 걸을 수 있지만 건물과 차들이 많은 대로변이라 산책하는 느낌은 아니다.

지하철

오스는 2개의 지하철역에서 접근할 수 있다. 오스칸논을 먼저 방문할 생각이라면 쓰루마이선을 이용해 오스칸논역에서 하차하자. 2번 출구로 나와 직진하면 왼쪽으로 보인다. 메이조선과 쓰루마이선이 지나는 가미마에즈역은 오스상점가에 위치한 후레아이 광장과 가깝다. 8번 출구로 나와 오른쪽으로 보이는 골목으로 들어가면 된다. 나고야역에서 올 때는 오스칸논역에서 하차하는 게 빠르다(1회 환승). 사카에역에서는 환승할 필요 없이 가미마에즈역에서 하차하자.

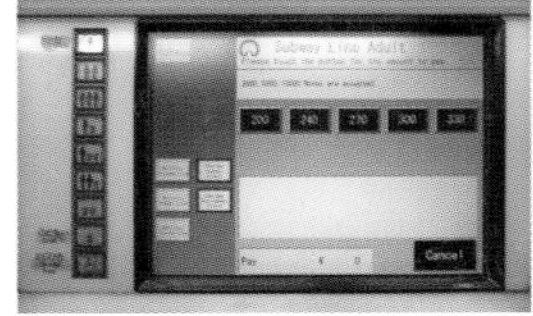

여행 방법과 추천 코스

오스는 다양한 상점이 자리하고 있지만 온종일 돌아볼 필요는 없다. 반나절 정도 시간을 내서 구경하는 것을 추천한다. 오스칸논부터 방문해 오스 상점가를 둘러보거나 상점가부터 시작해 오스칸논까지 가는 방법이 있다. 상점가에는 다양한 맛집이 자리하며 맛있는 간식거리도 많아 배가 부른 게 아쉬울 따름이다. 든든한 한 끼 식사도 좋지만 다양한 음식을 맛보고 싶다면 간단한 길거리 음식에 집중해 보자. 소화도 시킬 겸 중간중간 서브컬처 관련 매장을 둘러보거나 빈티지 숍에서 옷과 소품들을 구매해도 좋다. 이후에는 가미마에즈역에서 한 정거장 거리인 쓰루마이역으로 가서 쓰루마이 공원을 산책해 보자. 봄에는 벚꽃 명소로 유명하고 여름과 가을에도 다양한 이벤트가 펼쳐진다.

Tip

1 간식거리로 배를 채우지 않고 제대로 된 식사를 원하면 야바톤이나 미소니코미 다카라 등의 식당으로 향하자.

2 오스 베이커리에서 빵을 산 후 쓰루마이 공원에서 피크닉을 즐겨도 좋다. 배가 부르면 숙소로 돌아간 후 먹어도 된다.

Writer's pick

오스칸논(p.138) ··· 도보 2분 ··· **수요일의 앨리스 & 세리아**(p.146) ··· 도보 2분 ··· **미소니코미 다카라**(p.141) ··· 도보 2분 ··· **칸논 커피**(p.144) ··· 도보 4분 ··· **만다라케**(p.147) ··· 도보 2분 ··· **오스 베이커리**(p.145) ··· 도보 1분 ··· **다코사키**(p.144) ··· 지하철 3분 ··· **쓰루마이 공원**(p.150)

Sightseeing ★★★

오스칸논 大須観音

오스의 유명한 불교 사원으로 관세음보살을 모시고 있다. 본래는 1190년대 지금의 기후현 위치에 창건했으나 1612년 도쿠가와 이에야스의 명령으로 현재의 자리에 옮겨졌다. 이후 대화재와 제2차 세계대전 등에 의해 소실과 재건이 이어졌고, 지금의 본당은 20세기에 재건축된 것이다. 또한 고대 일본의 신화 및 사적을 기술한 『고사기』의 가장 오래된 사본을 비롯해 다수의 고서적을 소장하고 있다. 도쿠가와가 나고야로 사찰을 옮긴 것도 서적을 수해로부터 지키기 위함이었다고 한다. 다만 일반인들에게 공개되고 있진 않다. 그 외 한 가지 특이한 건 경내에서 비둘기 먹이를 판매하고 있어 주변에 비둘기가 굉장히 많다. 비둘기를 싫어하는 사람에겐 경내를 가로지르는 것조차 어려운 도전이니 밖으로 돌아가도록 하자. 꽃 축제, 여름 축제를 비롯해 경내에서 연중 다양한 이벤트가 펼쳐진다.

주소 名古屋市中区大須2-21-47
위치 지하철 오스칸논역 2번 출구에서 도보 2분
운영 24시간
전화 052-231-6525
홈피 www.osu-kannon.jp

Sightseeing ★★★

오스상점가 大須商店街

가로 750m, 세로 450m의 구획에 1,200여 개의 상점이 자리하고 있다. 나고야역 주변과 사카에의 쇼핑 거리에 비교하면 서민적인 느낌이 강하고, 지붕이 있는 덕에 날씨와 상관없이 방문하기 좋다. 오스상점가에는 모든 잡동사니가 모여 있다고 해도 과언이 아니다. 옷과 신발 등을 판매하는 의류 매장은 일반 매장과 중고 전문점으로 나누어지고, 코스프레 옷 등의 마니아적인 취향으로 또 한 번 나뉜다. 음식점 또한 느긋한 분위기의 레스토랑부터 테이크아웃 전문점까지 다양한데, 일식은 물론 이탈리아, 태국, 터키, 브라질 음식 등을 즐길 수 있다. 최근에는 꽈배기, 뚱카롱 등 한국식 디저트 가게가 인기다. 보통 점심시간 전후로 가장 붐비고, 저녁이면 문을 닫는 상점이 늘어나며 한가해지는 편이다. 7월 하순에서 8월 상순에 개최되는 여름 축제와 세계 코스프레 서밋, 10월 중순의 다이도초닌大道町人 축제가 열릴 때면 볼거리와 더불어 많은 사람들이 몰리니 참고하자.

위치 오스칸논 경내에서 오스칸논도리大須観音通り로 진입 혹은 지하철 가미마에즈역 8번 출구 오른쪽으로 신덴치도리新天地通り가 이어진다.

홈피 osu.nagoya/ko

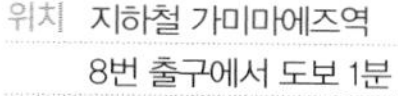

↳ 후레아이 광장 ふれあい広場

오스상점가를 둘러보기 위해 약속을 잡는 만남의 장소이자, 맛있는 것을 먹고 열심히 쇼핑한 후 휴식을 취하는 공간이기도 하다. 작은 광장의 중심에는 거대한 고양이 인형 '마네키네코'가 자리한다. 이는 손님과 재물을 불러들이는 상징물로 유명하다. 주말이나 저녁 시간대에는 길거리 공연이 펼쳐지고, 특별한 이벤트가 열릴 때면 관객들이 모여드는 축제의 장으로 변신한다. 다만 이곳 주변에서 담배를 피우고 있는 사람들이 많아 밝고 활기찬 공간만으로 다가오진 않는다.

위치 지하철 가미마에즈역 8번 출구에서 도보 1분

Food

1

야바톤 矢場とん

나고야의 명물로 손꼽히는 미소돈가스 전문점이다. 미소는 숙성 기간에 따라 색이 달라지고 종류도 나뉜다. 야바톤은 붉은 된장인 아카미소를 사용하며 오랜 숙성 기간만큼 깊은 맛을 자랑한다. 소스는 매장에서 따로 구입할 수도 있다. 인기 메뉴는 우스터소스와 미소소스를 동시에 즐기는 반반 정식과 뜨겁게 달군 철판 위에 양배추가 함께 나오는 데판돈가스 등이다. 데판돈가스를 주문하면 손님 앞에서 소스를 부어주기 때문에 앞치마를 챙겨준다. 한국인의 입맛에 잘 맞는다고 알려져 있지만 짜고 느끼하다는 평도 많다. 그럴 때는 맥주와 함께 먹으면 좀 낫다. 히레돈가스는 호불호가 적은 메뉴로, 등심을 사용해 매우 부드럽다. 시내 곳곳에 지점이 있으며, 오스칸논 옆 상점가 초입에 있는 무카시노 야바톤昔の矢場とん은 꼬치 커틀릿 등의 술안주를 판매한다.

주소 名古屋市中区大須 3-6-18
위치 지하철 야바초역 4번 출구에서 도보 5분, 지하철 가미마에즈역 9번 출구에서 도보 6분
운영 11:00~21:00
요금 데판돈가스 정식 2,000엔, 히레돈가스 정식 1,900엔
전화 052-252-8810
홈피 www.yabaton.com

Tip 야바톤 추천 지점

1. **라시크** 7층에 위치
2. **마쓰자카야 백화점** 남관 10층
3. **메이테쓰 백화점** 본관 9층
4. **중부국제공항** 4층 스카이 타운

More & More TV 속 맛집 루트

나고야의 향토 요리는 한국의 TV프로그램에서도 종종 소개됐는데, 특히 〈원나잇 푸드트립 : 먹방레이스〉와 〈맛있는 녀석들〉에 등장하며 여행자들의 관심이 높아졌다. 두 프로그램이 모두 소개한 음식으로는 미소돈가스, 데바사키, 히쓰마부시가 있다. 여기에서 겹친 맛집은 야바톤과 세카이노야마짱이다. '먹어본 자가 맛을 안다'고 하니 TV 속 맛집 루트를 따라 가보자. 아래 루트는 책에서도 소개한 맛집만 표기하였다.

〈원나잇 푸드트립 : 먹방레이스〉 정준하 편
야바톤 → 토리카이 소혼케(p.110) → 미센(p.75) → 세카이노야마짱(p.114) → 솔로 피자 나폴레타나(p.141)

〈맛있는 녀석들〉 나고야 민상투어 편
라멘 혼고테이(p.80) → 세카이노야마짱 → 야스나가 모찌 가시와야(p.223) → 야바톤

Food

2

미소니코미 다카라 味噌にこみたから

1964년 창업해 반세기가 넘는 역사를 지녔다. 점내는 테이블 자리가 대부분인데 안쪽에 좌식 공간도 마련돼 있다. 오스에서 워낙 유명한 식당이라 관광객은 물론 현지인의 방문도 잦다. 직원과 단골손님이 일상적인 대화를 나누는 등 친근하면서도 로컬 맛집 분위기다. 인기 메뉴는 역시나 미소니코미 우동이며 밥과 함께 나오는 정식 메뉴도 있다. 우동은 뚝배기에 부글부글 끓는 상태로 나오니 주의하자. 뚝배기 뚜껑은 앞 접시로 이용하면 된다. 테이블에는 양념통이 놓여 있으며, 각각 숫자가 적혀 있다. 1一은 고춧가루, 7七은 시치미이니 취향에 따라 첨가하자.

주소 名古屋市中区大須2-16-17
위치 지하철 오스칸논역 2번 출구에서 도보 6분
운영 금~수요일 11:30~15:00, 17:00~19:00 **휴무** 목요일
요금 미소니코미 우동 950엔
전화 052-231-5523

Food

3

솔로 피자 나폴레타나 Solo Pizza Napoletana

오너인 마키시마 아키나리는 2010년과 2014년 나폴리피자 세계선수권의 우승을 차지했으며, 그의 가게에서 세계 최고 수준의 피자를 확인할 수 있다. 가게 안으로 들어가면 주문부터 해야 하는데, 냉장고에서 음료도 직접 꺼내야 하는 등 대부분이 셀프서비스다. 음식이 나오면 계산할 때 받은 영수증의 번호를 불러준다. 피자는 크기가 그리 크지 않고, 대회에서 우승을 차지한 메뉴는 마르게리타 엑스트라와 피자 파스콸레다. 피자 이외에 베이커리 메뉴도 판매한다. 1층보다 2층이 좀 더 편안하게 식사할 수 있는 분위기이며 테이크아웃도 가능하다. 식사 후 뒤처리 역시 직접 해야 한다. 오스 상점가 내에 테이크아웃 위주의 매장이 하나 더 있고 다이나고야 빌딩 등에도 지점이 있다.

주소 名古屋市中区大須3-36-44
위치 지하철 가미마에즈역 8번 출구에서 도보 4분
운영 11:00~22:30
요금 마르게리타 엑스트라 1,280엔, 콜라 280엔
전화 052-251-0655
홈피 www.solopizza.jp

Food

4

콘파루 コンパル

1947년에 창업한 오랜 역사를 자랑한다. 오스 본점을 포함해 나고야 시내에만 8개의 점포를 두고 있다. 점내는 그야말로 '다방'이라는 말이 잘 어울리는데, 마치 1980년대로 순간 이동을 한 듯하다. 나이 지긋한 단골손님들이 많은 가운데 최근에는 레트로 유행과 함께 젊은 층도 많이 찾는다. 아침 일찍 문을 여는 만큼 모닝 메뉴(11:00까지)도 갖추었고 음료 가격에 150엔을 추가하면 얇은 토스트가 함께 나오는 구성이다. 하지만 이곳에서 꼭 먹어야 할 메뉴는 새우튀김 샌드위치인 에비후라이산도エビフライサンド다. 샌드위치치고는 가격이 좀 비싼 편이지만, 커다란 새우튀김이 3개나 들어가니 한편으로는 이해가 된다. 거기에 더해 채 썬 양배추와 달걀부침, 소스의 조화가 좋다.

주소 名古屋市中区大須3-20-19
위치 지하철 가미마에즈역 9번 출구에서 도보 4분
운영 08:00~19:00
요금 에비후라이산도 1,100엔
전화 052-241-3883
홈피 www.konparu.co.jp

Food

5

덴무스 센주 天むす千寿

덴무스는 새우튀김을 넣어 만든 주먹밥으로, 나고야의 명물로 손꼽힌다. 이곳은 테이크아웃을 위주로 판매하는데, 포장부터 정성이 느껴진다. 소금 간이 된 밥과 작은 새우튀김, 이를 감싸고 있는 김은 소박한 맛으로 든든한 한 끼를 이룬다. 간이 세지 않아 물리지도 않고, 함께 나오는 절임 반찬 갸라부키きゃらぶき도 꼭 곁들여 먹자. 점내에는 2개의 테이블이 전부고 12:00~14:00 사이에만 식사할 수 있다.

주소 名古屋市中区大須4-10-82
위치 지하철 가미마에즈역 10번 출구에서 도보 3분
운영 목~월요일 08:30~18:00
휴무 화 · 수요일
요금 덴무스(5개) 810엔
전화 052-262-0466

Food
6

니이스즈메 혼텐 新雀本店

오스에 자리한 당고 맛집이다. 메뉴는 딱 두 가지로, 미타라시(간장)와 기나코(콩가루)가 있다. 언제나 사람들이 줄지어 서 있을 만큼 인기가 많은데, 다른 당고와 비교해 엄청난 맛까진 아니다. 미타라시의 경우 좀 짠 편. 그래도 간단하게 먹을 만한 간식으로 좋다. 다 먹은 꼬치는 가게 앞에 마련돼 있는 통에 넣으면 된다.

주소 名古屋市中区大須2-30-12
위치 지하철 오스칸논역 2번 출구에서 도보 5분
운영 12:00~19:00
요금 미타라시당고 100엔, 기나코당고 100엔
전화 052-221-7010

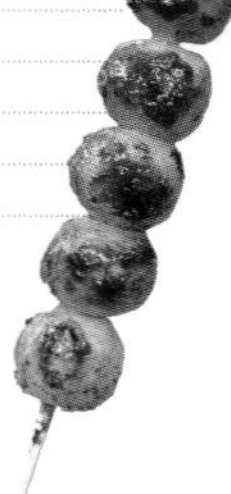

Food
7

긴노안 銀のあん

일본 내 곳곳에 지점을 둔 다이야키たいやき(도미빵) 전문점이다. 홋카이도산 팥을 사용해 팥소를 짓고 얇게 구워낸 반죽 속을 듬뿍 채운다. 인기 메뉴는 한국에서도 유행한 적 있는 크루아상 다이야키다. 크루아상 반죽에 팥 앙금이나 커스터드 크림을 넣어 구워내며 달달함은 물론 바삭바삭한 식감까지 느낄 수 있다. 계절에 따라 한정 메뉴도 판매한다.

주소 名古屋市中区大須2-17-20
위치 지하철 오스칸논역 2번 출구에서 도보 5분
운영 11:00~19:30
요금 크루아상 다이야키 240엔
전화 052-209-9151
홈피 www.ginnoan.com

Food
8

쓰키지 긴다코 築地銀だこ

일본 내 여러 곳에 지점이 있는 다코야키 체인점이다. 테이블은 따로 없지만 가게 앞에 마련된 의자에 앉아 잠시 먹고 갈 수 있다. 긴노안과 붙어 있는 탓에 자리를 선점하는 게 쉽진 않다. 큼직한 문어와 파, 초생강, 튀김 부스러기의 조화를 느낄 수 있는데, 표면은 바삭하고 속은 부들부들해 더욱 맛있다. 계절별 한정 메뉴를 선보이기도 하니 취향에 따라 즐겨보자. 오스상점가 외에 이온몰 나고야 돔에도 지점이 있다.

주소 名古屋市中区大須2-17-20
위치 지하철 오스칸논역 2번 출구에서 도보 5분
운영 10:30~19:30
요금 다코야키(8개) 580엔~
전화 052-219-8581
홈피 www.gindaco.com

Food
9

다코사키 たこ咲

오스상점가에서 빼놓을 수 없는 다코야키 맛집이다. 본래 포장마차였으나 2022년 지금의 자리에 새롭게 오픈했다. 좁은 골목에 협소하나마 앉아서 먹고 갈 자리도 있다. 메뉴는 간장醤油 혹은 소스ソース를 기본으로 하고, 마요네즈マヨネーズ, 겨자からし, 파ネギ 등의 토핑이 추가된다. 주문 후 10분 정도 기다리면 따끈따끈한 다코야키가 완성돼 그 자리에서 먹을 수 있다. 말랑말랑하면서도 부드러운 식감, 큼지막한 문어 역시 만족스럽다. 바삭바삭함을 원하면 셀프서비스인 튀김 부스러기(덴가스天かす)로 조절해 보자.

주소 名古屋市中区大須3-42-4
위치 지하철 가미마에즈역 8번 출구에서 도보 3분
운영 목~화요일 11:00~18:00
휴무 수요일
요금 간소쇼유(8개) 700엔

Food
10

칸논 커피 Kannon Coffee

상점가 중심에서 살짝 벗어나 있던 작은 매장이었으나 2020년 지금의 자리로 이전하며 공간을 넓혔다. 드립커피는 취향에 따라 여섯 가지 종류 중 선택할 수 있다. 메뉴판에 쓴맛과 신맛의 정도가 적혀 있으니 선호하는 쪽을 골라보자. 영어로 된 메뉴판도 있다. 아메리카노와 라테, 소다 등의 음료와 월별 · 계절별 한정 메뉴, 스콘, 쿠키, 푸딩 등의 디저트까지 갖추었다. 특히 푸딩이 인기다. 좌석 이용 시 1인 1음료 주문 필수다.

주소 名古屋市中区大須2-17-25
위치 지하철 오스칸논역 2번 출구에서 도보 5분
운영 11:00~19:00
요금 드립커피 500~680엔
전화 052-201-2588
홈피 www.kannoncoffee.com

Food
11

리상노 타이완 메이부츠 야타이 李さんの台湾名物屋台

'이씨의 타이완 명물 포장마차'라는 이름으로 닭튀김, 감자튀김, 밀크티 등을 판매하며 사진과 함께 소개돼 있어 주문이 어렵진 않다. 인기 메뉴는 타이완 가라아게台湾唐揚げ이며 매운맛의 정도를 선택할 수 있다. 4단계 중 선택 가능한데, 가장 매운맛이라고 한들 한국인 입맛에는 그리 맵지 않다. 계산 후 번호표를 받게 되는데, 은행 창구처럼 번호 표시기를 통해 손님을 부른다. 이곳 본점을 포함해 오스상점가에만 3개의 점포가 있다.

주소 名古屋市中区大須3-35-10
위치 지하철 가미마에즈역 8번 출구에서 도보 3분
운영 월~금요일 12:00~18:00, 토 · 일요일 11:00~18:00
요금 타이완 가라아게 650엔
전화 052-251-8992
홈피 www.lees-taiwan-kitchen.com

Food

12

오스 베이커리 大須ベーカリー

오스상점가에 자리한 인기 빵집이다. 매장 규모는 아담하나 다양한 종류의 빵들과 만날 수 있다. 원하는 빵을 쟁반에 골라 담아 계산하면 되고 크림빵과 명란바게트, 카레빵 등이 인기다. 일본 내 다양한 매체에 소개되었으며 어떤 빵이든 기본 이상의 맛은 내니 취향에 따라 골라보자.

주소 名古屋市中区大須3-27-18
위치 지하철 가미마에즈역 8번 출구에서 도보 4분
운영 목~월 08:30~17:30
휴무 화 · 수요일
요금 크림빵 200엔, 카레빵 220엔
전화 052-262-0075
홈피 www.instagram.com/osu_bakery

Food

이마이 소혼케 今井総本家

가미마에즈역 방향에서 오스상점가로 들어서는 초입에 자리하고 있다. 1906년 창업해 나고야 현지인 대부분이 알고 있는 전통의 아마구리(단밤) 가게다. 중국 텐진산 밤을 수입 · 가공 · 판매하며, 간판 상품 역시 텐진단밤이다. 단밤 외에도 다양한 전통 과자를 판매한다. 바로 옆에 병설되어 있는 구리코 차야栗子茶屋는 단밤을 이용한 만주, 소프트아이스크림, 여름 한정 빙수 등의 디저트를 판매한다. 먹고 갈 테이블과 손을 씻을 공간도 마련되어 있다.

주소 名古屋市中区大須3-30-47
위치 가미마에즈역 9번 출구에서 도보 2분
운영 09:00~19:00
요금 텐진단밤 2,000엔~
전화 052-262-0728
홈피 www.amaguri.co.jp

Food

14

아오야기 소혼케 青柳総本家

1879년에 창업한 오랜 역사의 우이로 가게다. 우이로란 쌀가루와 설탕이 주원료인 화과자로 나고야의 명물에 꼽힌다. 겉보기엔 양갱과도 비슷하나 우이로가 좀 더 무른 식감을 지녔다. 이곳 가게는 한국어 설명서도 갖추고 있어 편리하게 구매 가능하다. 유통 기한은 제품에 따라 21일에서 31일 이내까지다. 상온 보관이기 때문에 선물용으로도 좋다. 개구리 얼굴 모양의 가에루 만주도 유명하다.

주소 名古屋市中区大須2-18-50
위치 지하철 오스칸논역 2번 출구에서 도보 4분
운영 목~화요일 10:00~18:30
휴무 수요일
요금 아오야기우이로 2개입 세트 951엔
전화 052-231-0194
홈피 www.aoyagiuirou.co.jp

Shopping

1

수요일의 앨리스 水曜日のアリス

동화 『이상한 나라의 앨리스』를 테마로 한 잡화점이다. 나고야에서 처음 문을 연 뒤 현재는 도쿄, 후쿠오카에도 지점을 두고 있다. 여러 개의 문이 달린 건물부터 사람들의 시선을 사로잡는데, 동화 속 앨리스가 토끼를 쫓아 들어갔던 작은 문이 매장 입구이다. 안으로 들어가면 어두운 조명 아래 화려하게 반짝이는 액세서리들이 가장 먼저 눈에 띈다. 거울, 향초, 쿠션 등 다양한 품목이 있으며, 모두 동화에서 영감을 얻은 디자인이다. 토끼가 가지고 다니던 회중시계부터 앨리스가 마셨던 물약까지, 그야말로 동화 속 세계가 펼쳐져 있어 시간 가는 줄도 모르게 된다.

주소 名古屋市中区大須2-20-25
위치 지하철 오스칸논역 2번 출구에서 도보 5분
운영 10:00~19:00
전화 052-684-6064
홈피 www.aliceonwednesday.jp

Shopping

2

세리아 Seria

다이소와 같은 100엔 숍이지만 상품 진열과 매장 분위기 등에 있어 좀 더 세련된 이미지를 추구한다. 일상에 필요한 물건은 거의 다 갖춘 듯한데, 주방용품은 물론 화장품과 문구류, 인테리어, 전자기기 관련 제품까지 찾아볼 수 있다. 여성 손님들이 많다 보니 아기자기한 디자인도 많은 편이다. 추천 상품은 나무젓가락 세트나 종지, 그릇, 접시 등이다. 깔끔한 스타일로 나와 100엔이라고는 생각되지 않을 정도다. 물론 소비세를 포함하면 100엔이 넘는다. 나고야 시내 곳곳에서 볼 수 있지만 오스상점가에 자리한 매장이 규모도 크고 물건 또한 다양하다.

주소 名古屋市中区大須2-18-42
위치 지하철 오스칸논역 2번 출구에서 도보 5분
운영 10:00~20:00
전화 052-265-7360
홈피 www.seria-group.com

Shopping

만다라케 まんだらけ

'덕후의 성지'라고 할 수 있는 만화 전문 중고 서점이다. 일본 내 여러 곳에 지점이 있으며 엄청난 양의 만화책이 장르별로 정리돼 있다. 중고 서점인 만큼 오래전 작품을 찾는다면 들러볼 만하고, 가격은 상태(희소성이나 스크래치 등)에 따라 달라진다. 서적 이외에도 피규어, 장난감, 코스프레 의상, 아이돌 굿즈 등 다양한 상품을 판매한다. 다만 서브컬처 관련 상품들의 선정성을 규제하거나 숨기듯 진열하는 스타일이 아니라서 어린아이들과 방문하기에는 적당하지 않다. 손님들은 교복을 입고 온 학생들부터 퇴근 후 들른 직장인까지 남녀노소 다양하다.

주소 名古屋市中区大須3-18-21
위치 지하철 가미마에즈역 9번 출구에서 도보 5분
운영 12:00~20:00
전화 052-261-0700
홈피 www.mandarake.co.jp

More & More 귀하는 오타쿠를 어떻게 생각하십니까?

오스상점가의 북쪽 끝에는 아카몬도리赤門通り라는 쇼핑 거리가 있다. 전자제품 상가를 비롯해 만화책, 블루레이, 코스프레용품, 게임용품, 피규어, 장난감 등을 판매하는 상점들이 많다. 또한 오스는 2003년부터 세계 코스프레 서밋을 개최하는 등 나고야의 '오타쿠オタク 지역'으로 자리 잡았다.

오타쿠라는 말은 참 신기하다. 한국에서도 흔히 쓰는 일본어 중 하나인데, 긍정적인 느낌과 부정적인 느낌이 공존한다. 한 분야에 열중하는 사람을 이르는 말이지만 본래는 상대방이나 그 집을 높여 부르는 '귀하', '귀댁'이라는 의미다. 동호회 등에서 같은 취미를 갖고 만난 사람들이 서로에게 예의를 갖추고 부르던 것에서 비롯되었다고. 그러던 중 일본 사회를 발칵 뒤집은 범죄자의 집에서 엄청난 양의 음란물 비디오와 만화, 잡지 등이 발견되자 오타쿠의 부정적인 이미지가 강해지게 된 것이다. 물론 현재는 일본의 서브컬처를 대표하는 말이자 전 세계에서 사용되고 있을 만큼 영향력이 커졌다. 우리나라에 들어와선 '덕후'라는 말로 변형되기도 했는데, 한글이 주는 귀여움 때문인지 긍정적인 느낌이 더해진 듯하다.

Shopping

4

슈퍼 포테이토 スーパーポテト

레트로 마니아들을 들뜨게 하는 중고 게임 전문점이다. 오스상점가의 아카몬 도리에 자리하고 있으며 오사카와 도쿄 등에도 매장이 있다. 안으로 들어가면 가장 먼저 불량 식품 코너와 만나게 되는데, 마치 어린 시절로 돌아간 듯한 추억을 불러일으킨다. 여기에 더해 지금은 찾아보기 힘든 게임기 본체와 조이스틱, 컴퓨터용 CD게임, 닌텐도 게임팩 등 다양한 상품을 판매한다. 또한 마리오와 포켓몬 등 게임 캐릭터 피규어나 장난감까지 갖추고 있다. 중고이긴 하나 희소성 있는 제품들은 꽤 고가에 판매되는 편이다. 게임에 대해 잘 몰라도 레트로 분위기가 물씬 풍기기 때문에 구경만으로도 즐겁다.

주소 名古屋市中区大須3-11-30
위치 지하철 가미마에즈역 9번 출구에서 도보 6분
운영 11:00~20:00
전화 052-261-3005
홈피 www.superpotato.com

Shopping

슈퍼 키즈 랜드 Super Kids Land

조립식 장난감 '프라모델'을 사고 싶다면 방문해야 하는 곳 중 하나다. 안으로 들어가면 1층은 플레이스테이션이나 닌텐도 등의 게임기와 관련 소프트웨어를 판매한다. 2층에선 건담을 비롯해 다양한 프라모델을 만나 볼 수 있는데, 한국에서 구할 수 있는 가격보다 저렴한 것으로 알려져 있다. 3 · 4층으로 올라가면 무선 조종 미니카와 철도 모형 등의 제품까지 자리한다.

주소 名古屋市中区大須4-2-48
위치 지하철 가미마에즈역 10번 출구에서 도보 4분
운영 10:00~20:00
전화 052-262-1203 홈피 shop.joshin.co.jp

Shopping

코메효 Komehyo

오스상점가에 본점을 두고 있는 리사이클 전문점이다. 명품은 물론, 다양한 브랜드 제품을 취급하여 합리적인 가격으로 내놓는다. 층별로 귀금속, 시계, 브랜드 가방, 의류 등을 판매하고 브랜드에 따라 분류돼 있다. 상품 진열 방식도 백화점과 비교해 손색이 없으며 중고라고 생각되지 않을 만큼 깔끔하다. 카메라와 악기관은 오스상점가 내에 따로 있다. 나고야역 주변에는 메이테쓰 백화점 대각선 맞은편에 매장이 자리한다.

주소 名古屋市中区大須3-25-31
위치 지하철 가미마에즈역 8번 출구에서 도보 5분
운영 10:30~19:00 **휴무** 부정기
전화 052-242-0088 홈피 komehyo.jp

Stay : 호스텔

호스텔 니코 Hostel Nico

한국어를 공부하는 일본인 주인이 가족과 함께 운영하는 게스트하우스다. 입구를 비롯해 곳곳에 한국어 안내문이 있어 편리하다. 객실은 2인용, 4인용, 8인용 개인실이 있고, 동일 그룹이 3개 방을 쓰는 건 불가하다. 침대는 모두 2층 침대다. 오스 상점가에서 가깝고 근처 2분 거리에 편의점도 자리한다. 음식물은 음료를 포함하여 거실에서만 취식 가능하다. 오전 10시부터 오후 3시까지는 청소 시간이므로 자리를 비워줘야 한다.

주소 名古屋市中区上前津1-2-3 安藤商店ビル 2F
위치 가미마에즈역 7번 출구에서 도보 4분
요금 1인 3,850엔(평일 기준)
홈피 hostel-nico.nagoya

Stay : 호스텔

트립 앤 슬립 호스텔 Trip & Sleep Hostel

오스상점가에 자리한 호스텔이다. 직원들이 친절하고 청소 관리도 깔끔하다. 혼성 도미토리부터 여성 전용 도미토리, 트윈 룸, 일본식 다다미방 등을 갖추었다. 다다미방 외에는 전 객실 2층 침대를 쓰고 화장실과 샤워실은 공용으로 이용한다. 여분이 있다면 자전거 렌털이 가능하고, 체크인 전이나 체크아웃 후 짐 보관은 유료다. 출입구나 각 방에 잠금장치가 잘돼 있다.

주소 名古屋市中区大須3-27-29
위치 가미마에즈역 8번 출구에서 도보 4분
요금 도미토리 2,500엔~, 트윈 5,000엔~
홈피 tripsleephostel.com

Stay : 3성급

호텔 아베스트 오스칸논 에키마에 Hotel Abest Osu Kannon Ekimae

오스칸논과 오스상점가에서 가까운 비즈니스호텔이다. 전체적으로 오래된 느낌은 나지만 깔끔하게 정리돼 있다. 오스에서 비교적 저렴한 가격의 호텔을 찾는다면 무난한 선택이다. 화장실에 작은 욕조가 있고 2층의 대욕장도 피로를 풀기 좋다. 프런트 직원들도 친절한 편. 또한 코인 세탁기도 24시간 이용 가능하다. 호텔 근처에 세븐일레븐을 비롯해 다양한 편의시설이 자리하는데, 무엇보다 오스상점가의 여러 가게를 방문하고 싶다면 고려해 보자. 체크아웃 시간(10:00)이 조금 이른 편이고 조식에 스테이크가 나온다.

주소 名古屋市中区大須2-24-45
위치 지하철 오스칸논역 2번 출구에서 도보 1분
요금 싱글(조식 포함) 6,000엔~
전화 052-231-0303
홈피 www.hotelabest-osu.com

• Special Page •

나고야의 벚꽃 명소
쓰루마이 공원(鶴舞公園)

1909년 나고야시에서 개원한 최초의 공원이다. 직선, 원형, 곡선으로 구성되어 있는 서양식 정원과 연못을 중심에 두는 일본 특유의 회유식 정원을 겸비하고 있다. 장미와 꽃창포 등이 피어나는 꽃의 명소로도 유명하며 봄철 벚나무는 쓰루마이 공원의 자랑이기도 하다. '일본의 벚꽃 명소 100선'에 선정되었을 만큼 3월 말부터 4월 초까지 분홍빛 화사함으로 가득하다. 벚나무 아래에 앉아 맥주와 안줏거리를 즐길 때면 그 어떤 시름도 잊게 된다. 물론 명당을 차지하기 위해선 부지런함이 필요하다. 그러나 어디에 앉든, 어느 시간대에 가든 좋은 풍경과 마주할 수 있다. 벚꽃잎이 다 떨어진 후에도 계절에 따라 다양한 이벤트가 펼쳐지니 날씨 좋은 날에는 쓰루마이 공원을 방문해 보자.

주소 名古屋市昭和区鶴舞1-1
위치 지하철 쓰루마이역 4번 출구에서 곧바로
전화 052-733-8340
홈피 tsurumapark.info

줄 서서 먹는 동네 빵집
스리푸 スーリープー

쓰루마이역 근처에 있는 베이커리다. 점내는 네다섯 명의 손님만으로도 북적일 만큼 아담한데, 규모에 비해 직원들이 많다. 손님이 진열돼 있는 빵을 고르면 직원이 안쪽에서 담아주는 식이다. 워낙 인기가 많아 문밖으로 줄을 서서 기다려야 하고 오후 늦게는 남아 있는 빵 종류도 별로 없다. 특히 식빵은 오전 중에 소진되는 편. 파이와 머핀, 크루아상, 샌드위치 등 다양한 종류가 있으니 취향에 따라 고르면 된다. 그중 크기는 작지만 매우 진한 맛의 치즈케이크와 스콘을 추천한다. 빵을 한 아름 사 들고 쓰루마이 공원을 찾아 피크닉을 즐겨보자.

주소 名古屋市中区千代田 2-16-20
위치 지하철 쓰루마이역 1번 출구에서 도보 1분
운영 수~일요일 08:00~19:00
휴무 월 · 화요일
요금 스콘(2개입) 460엔, 치즈케이크 511엔
전화 052-263-3371
홈피 www.instagram.com/suripu_insta

인기 있는 곳은 이유가 있다!
돈파치 とん八

미소돈가스로 유명한 맛집이다. 관광객보다 현지인이 즐겨 찾는 곳으로, 일본 내 여러 매체에서 소개되었을 만큼 인기가 많다. 토요일에는 개점한 지 5분도 안 되어 만석일 정도. 기다림이 싫다면 식사 시간대를 피해서 찾아가길 권한다. 직원과 영어 소통은 안 되지만 기본 메뉴를 숙지하고 간다면 큰 문제는 없다. 식당 내부는 좁은 편이고 음식이 나오는 데까지 시간이 좀 걸린다. 여유를 갖고 기다리자. 미소를 베이스로 한 소스는 짜지 않고 적당한 단맛을 내며 입맛을 돋운다.

주소 名古屋市中区千代田 3-17-15
위치 지하철 쓰루마이역 6번 출구에서 도보 4분
운영 월 · 수 · 금 · 토요일 11:00~14:00, 17:00~20:30, 화 · 목 · 공휴일 11:00~14:00
휴무 일요일
요금 미소돈가스 정식 1,700엔
전화 052-331-0546
홈피 tonpachi.jp

Around Nagoya Castle

나고야성 주변

메이조코엔역
名城公園駅
오쓰도리 大津通
메이조 공원
名城公園
플라워 플라자
フラワープラザ
천수각
天守閣
(폐관 중)
혼마루어전
本丸御殿
니노마루 정원
二之丸庭園
나고야성
名古屋城
동문
東門
정문
大手門
돌핀 아레나
Dolphins Arena
긴샤치요코초 요니나오존
金シャチ横丁義直ゾーン
긴샤치요코초 무네하루존
金シャチ横丁宗春ゾーン
P
나고야죠역
名古屋城駅
데키마치도리 出来町通
나고야시청
名古屋市役所
KKR 호텔 나고야
KKR Hotel Nagoya
아이치현청
愛知県庁
N
나고야성 주변

도쿠가와 정원 주변
시모카이도 下街道
모리시타역
森下駅
나고야 돔 마에야다역
ナゴヤドーム前矢田駅
이온몰 나고야 돔
Aeon Mall ナゴヤドーム前
간조선 環状線
나고야 돔
(반테린 돔 나고야)
ナゴヤドーム
도쿠가와 정원
徳川園
도쿠가와 미술관
徳川美術館
조스이
如水
요시미츠
芳光
데키마치도리 出来町通
아마가사카역
尼ヶ坂駅
시미즈역
清水駅
히가시오테역
東大手駅
도쿠가와 정원 방향 ➤
(1.3km)
데키마치도리 出来町通
데키마치도리 出来町通
문화의 길 햣카하쿠초
文化のみち百花百草
구 도요타 사스케 저택
旧豊田佐助邸
구 하루타 데쓰지 저택
旧春田鉄次郎邸
호리 미술관
堀美術館
우나기키야
鰻木屋
나고야시 시정자료관
名古屋市市政資料館
문화의 길 후타바관
文化のみち二葉館
문화의 길 슈모쿠관
文化のみち橦木館
소토보리도리 外堀通り

• Information •

나고야성(名古屋城) 주변

나고야의 역사적 유산들이 자리한 지역이다. 때문에 여행을 준비하며 가장 먼저 알게 되는 지역일지도 모른다. 이는 도시의 랜드마크인 나고야성 때문인데, 일본의 3대 고성으로 손꼽히는 만큼 전 세계 수많은 관광객들이 찾아온다. 나고야성부터 도쿠가와 정원까지는 '문화의 길'이라고 불리는 지역이 있다. 오래된 건물들이 건축 당시의 모습을 간직한 채 시간의 무게를 보여준다. 각각의 명소들이 서로 가까운 거리에 위치한 것은 아니지만 관광지를 운행하는 메구루버스가 여행자의 발이 돼 준다. 뿐만 아니라 일본의 주요 도시에 자리하고 있는 돔 구장도 만나 볼 수 있다. 야구 경기를 비롯해 콘서트 등의 공연이 펼쳐지며 수많은 사람들의 발걸음이 모인다.

드나들기

시내 이동

메구루버스

나고야역 주변에서 올 때는 메구루버스를 이용하는 것이 편하다. 시내버스터미널 11번 승강장에서 탑승하며 나고야성, 도쿠가와 정원(도쿠가와 미술관, 호사문고), 문화의 길 후타바관 등을 지난다. 나고야역 방향으로 되돌아갈 때도 같은 정류장을 이용하면 된다.

사카에 지역에서도 메구루버스를 타고 나고야성에 갈 수 있지만 지하철을 타는 쪽이 빠르다. 또한 17:00 이후에는 단축 루트로 운영돼 나고야성을 지나지 않는다.

지하철 또는 열차

사카에 지역에서 나고야성을 찾는다면 지하철을 이용하도록 하자. 메이조선名城線 나고야죠名古屋城(구 시야쿠쇼)역 7번 출구에서부터 나고야성 동쪽 출입구까지 걸어서 5분 이내에 도착한다. 도쿠가와 정원을 간다면 사카에마치栄町역에서 메이테쓰 세토선을 이용하면 된다. 모리시타森下역에서 하차해 도보 10분 정도가 걸린다.

도보

사카에 지역에서 나고야성까지는 걸어서도 갈 수 있다. 미라이 타워에서 출발하면 나고야성 동쪽 출입구까지 20분 정도 걸린다. 히사야오도리 공원을 지나 아이치현청과 나고야시청 등의 모습까지 볼 수 있다.

다만 도쿠가와 정원을 비롯한 다른 명소들을 도보로 찾아다니기에는 무리가 있다.

여행 방법과 추천 코스

맛집과 쇼핑보다는 관광명소를 둘러보고 싶은 여행자에게 어울리는 지역이다. 각각의 명소가 꽤 떨어져 있기 때문에 메구루버스를 이용하는 방법이 가장 편하다. 버스를 타면 나고야성부터 도쿠가와 정원(도쿠가와 미술관, 호사문고), 문화의 길 후타바관까지 차례로 방문할 수 있다. 나고야성은 정문과 동문 가까이에 메구루버스 정류장이 있다. 지하철을 이용해 메이조 공원부터 방문하는 것도 하나의 방법이다. 공원을 산책한 후 나고야성 동문으로 입장해 정문으로 나와 메구루버스를 타고 이동하면 된다. 나고야성 주변에는 몇몇 호텔들이 자리하나 여행자가 머물기에 편리한 위치는 아니다. 나고야성 전망의 객실에서 머물고 싶다면 고려해 보자.

Writer's pick

메이조 공원(p.160) ···› 도보 6분 ···› **나고야성**(p.158) ···› 메구루버스 10분 ···› **도쿠가와 정원**(p.161) **&** **도쿠가와 미술관** (p.162) ···› 도보 6분 ···› **조스이**(p.164) ···› 메구루버스 6분 ···› **문화의 길 후타바관**(p.162) ···› 도보 5분 ···› **구 도요타 사스케 저택**(p.163)

Tip

1 메구루버스는 교통 상황에 따라 시간표보다 늦게 오기도 한다. 또한 사람이 많을 때는 다음 차를 타야 할 때도 있으니 여유를 갖고 움직이자.

2 조스이는 현지인들의 방문이 많은 맛집이다. 식사 시간대보다 약간 애매한 때 찾는 게 좋다. 식사 후에는 다시 도쿠가와 정원(도쿠가와 미술관, 호사문고)으로 가서 메구루버스를 이용하자.

3 구 도요타 사스케 저택은 오픈 시간이 짧다. 시간이 늦었다면 '문화의 길' 지역의 다른 명소를 구경하는 것도 좋다.

Sightseeing ***

나고야성 名古屋城

나고야를 대표하는 유적이자 오사카성, 구마모토성과 함께 일본 3대 고성으로 꼽힌다. 에도 막부의 초대 장군인 도쿠가와 이에야스가 축성했으며, 도카이도(에도시대 행정 구역)의 중요한 위치를 확보하고 오사카 방향으로부터 공격을 방어하기 위한 목적이었다. 제2차 세계대전 당시 대부분의 건물이 소실되었는데, 천수각天守閣은 1959년 현재의 모습으로 재건되었다. 지하 1층에서 지상 7층으로 이루어진 천수각은 5층까지 도쿠가와 가문과 나고야성의 건축 · 역사 관련 유물을 전시하고 7층은 나고야 시내를 둘러볼 수 있는 전망대 역할을 했다. 단 현재는 설비의 노후화와 내진성 문제로 폐관 중이며, 입장이 불가하다.

또 다른 중심 건물인 혼마루어전本丸御殿은 제2차 세계대전 때 천수각과 함께 소실되었으나 2009년부터 복원 공사를 시작해 일부만 개방되었었다. 신발을 벗고 안으로 들어가면 국가 중요 문화재인 장벽화를 볼 수 있으며, 플래시를 터뜨리는 것은 금지돼 있다. 장벽화는 방과 방이나 방과 마루 사이 칸막이로 끼운 문에다가 그린 그림이다. 어두운 실내를 밝히기 위해 주로 금이나 은박 가루를 사용한다. 혼마루어전은 약 10년간의 공사 끝에 2018년 6월부터 전체 모습이 공개되었다.

건물 외 특별한 볼거리로는 실물 크기의 긴샤치金鯱 모형이 있다. 긴샤치는 호랑이 얼굴에 몸통은 물고기인 상상의 동물 샤치호코에 금박을 입힌 것이다. 물을 부른다고 알려져 있어 화재를 예방하는 의미로 천수각 용마루에 장식하였고 나고야의 상징이 되었다.

주소	名古屋市中区本丸1-1
위치	지하철 나고야죠역 7번 출구에서 동문까지 도보 5분 혹은 메구루버스 이용, 나고야성(정문) 또는 나고야성 동쪽 · 시청(동문) 하차
운영	09:00~16:30(천수각 입장 불가) **휴무** 12월 29일~1월 1일
요금	성인 500엔, 중학생 이하 무료
홈피	www.nagoyajo.city.nagoya.jp

Tip 1 입장료 할인

1. **대중교통 일일승차권 혹은 도니치에코 킷푸, 메구루버스 1Day 티켓 소지자** 100엔 할인
2. **나고야성+도쿠가와 정원 공통관람권** 성인 640엔

Tip 2 긴샤치요코초

나고야성 정문과 동문 밖에는 긴샤치요코초가 자리한다. 요코초는 우리말로 골목이라는 뜻. 나고야메시로 꼽히는 식당들과 기념품점이 모여 있으니 구경해 보자.

More & More 나고야성 내 즐길 거리

나고야성 벚꽃 축제

일본 사람들은 벚꽃을 참 좋아한다. 벚꽃이 피어나는 명소마다 어김없이 축제가 펼쳐지고, 이름에 벚꽃을 붙여 한정 상품 등을 내놓는다. 나고야성의 벚꽃 축제는 보통 3월 말에서 4월 초까지 이어진다. 벚꽃이 만개했을 때 구글 지도를 켜면 나고야성 지점에 벚꽃 스폿이 표시돼 있기도 하다. 성내에 푸드 트럭이 들어와 길거리 음식을 즐길 수 있고, 거리 공연도 펼쳐진다. 또한 개장 시간이 연장돼 라이트 업 행사도 진행한다. 여행 시기가 벚꽃 시즌이 아니어도 아쉬워할 필요는 없다. 봄, 여름, 가을에는 계절 축제가 열리며 연일 다양한 이벤트가 개최된다.

나고야성의 간식거리

나고야성에서는 다양한 간식거리를 판매하고 있는데 그중에서도 아이스크림이 가장 인기다. 어른, 아이 할 것 없이 하나씩 들고 있으니 나 또한 먹지 않으면 안 될 것만 같은 이 기분! 토핑에 따라 모양도, 가격도 다르지만 녹차 맛이 인기가 많다. 봄에는 '당연히' 벚꽃 아이스크림도 판매한다.

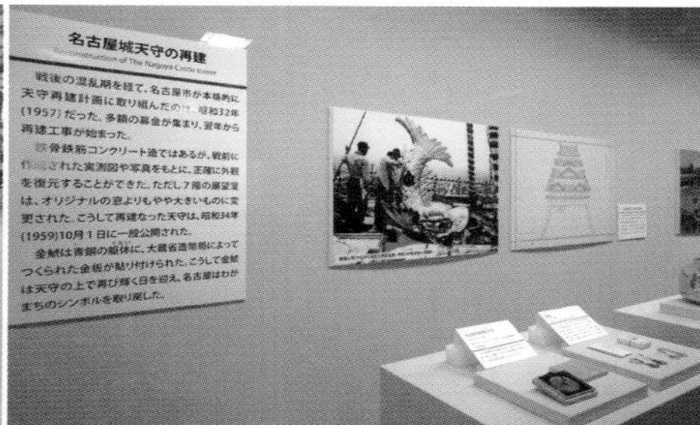

Sightseeing ★★☆

메이조 공원 名城公園

나고야성을 중심으로 정비된 공원으로 그 면적만도 약 80만㎡에 달한다. 울창한 수림 덕분에 걷기만 해도 상쾌한데, 조깅 등의 운동을 하는 사람들도 많다. 꽃이 피고 낙엽이 지는 계절의 변화를 느낄 수 있으며 특히 벚꽃이 피어날 때면 시민들은 먹을거리를 들고 나와 피크닉을 즐긴다. 공원에서는 나고야성의 천수각도 보이며 분수대와 연못, 풍차 등이 운치를 더한다. 플라워 플라자フラワープラザ 식물원(화~일 09:00~16:30)과 상업시설 토나리노トナリノ, 야구장 등도 자리하고 있다. 식물원에서는 때마다 전시회와 강습 등의 이벤트가 열리는데 자세한 일정은 홈페이지에서 확인하자.

주소 名古屋市北区名城1-2
위치 지하철 메이조코엔名城公園역 2번 출구
전화 052-911-8165
홈피 www.meijyo-fp.com

Sightseeing ★☆☆

나고야시청 名古屋市役所

1933년에 지어진 청사로, 당시 일본에서 나타난 건축양식을 엿볼 수 있다. 이는 콘크리트 건축 상단에 일본식 지붕을 얹는 것이 특징이며 황제의 왕관에 빗대어 제관양식이라 부른다. 국가등록 유형문화재이자 나고야시 도시경관 중요건축물로 지정되었다. 일본의 TV드라마나 영화 등에도 종종 등장한다. 나고야성 근처에 위치하고 있어 오고 가는 길에 구경하면 좋다.

주소 名古屋市中区三の丸3-1-1
위치 지하철 나고야죠역 2번 출구
전화 052-961-1111
홈피 www.city.nagoya.jp

Sightseeing ★★★

도쿠가와 정원 徳川園

1695년에 지어진 정원으로 당시의 번주인 도쿠가와 가문에서 조성하였다. 일본 특유의 정원 형식인 지천회유식池泉回遊式 정원을 볼 수 있는데, 호수를 중심으로 그 주변에 동산이나 정자 등을 조성해 호수 주위를 돌면서 감상할 수 있다. 원내에 배치된 폭포와 계곡, 호수 등은 일본의 자연경관을 상징적으로 응축한 것이다. 무엇보다 일 년 내내 다양한 꽃과 나무를 만나 볼 수 있어 계절에 따른 경치의 변화를 즐기기에도 좋다. 특히 봄철의 벚꽃과 가을철 단풍을 보러 오는 사람들이 많다. 아름다운 풍경 덕에 연인들의 데이트 코스로 유명하며, 거기에 더해 웨딩 사진을 촬영하러 오기도 한다. 다양한 볼거리 가운데 6m 높이의 3단 폭포 오조네노타키大曽根の瀧도 놓치지 말자.

주소 名古屋市東区徳川町1001
위치 메구루버스 이용, 도쿠가와 정원 · 도쿠가와 미술관 · 호사문고 하차 혹은 메이테쓰 세토선 모리시타역에서 도보 10분
운영 화~일요일 09:30~17:30
휴무 월요일, 12월 29일~1월 1일
요금 성인 300엔, 중학생 이하 무료
전화 052-935-8988
홈피 www.tokugawaen.aichi.jp

Tip 입장료 할인

1. **도쿠가와 정원+도쿠가와 미술관+호사문고 공통관람권** 성인 1,750엔
2. **도쿠가와 정원+시로토리 정원 공통관람권** 성인 480엔

Sightseeing ★★☆

도쿠가와 미술관 徳川美術館

1935년 개관하여 도쿠가와 가문의 유산을 전시한다. 도쿠가와 이에야스의 유물을 중심으로 도쿠가와 일가 소유의 보물들이 추가되었다. 그 수만 해도 1만여 개가 넘는데, 다채로운 종류와 우수한 보존 상태를 보인다. 그중 9개의 유품이 국보로, 59개의 유물이 중요 문화재로 지정돼 있으며 일본 최초의 산문소설 『겐지 이야기』 삽화 두루마리는 주요 전시물 중 하나다. 검과 방패를 비롯해 전쟁에서 쓰는 여러 가지 도구와 차실, 서원, 후원, 생활용품과 가구 등이 전시돼 있어 화려했던 다이묘(지방의 유력자)의 생활을 엿볼 수 있다. 로비 이외에는 사진 촬영이 불가능하며 사설 미술관이라 입장료가 비싸다.

주소 名古屋市東区徳川町1017
위치 도쿠가와 정원 옆
운영 화~일요일 10:00~17:00
휴무 월요일, 12월 29일~1월 1일
요금 성인 1,600엔, 고등학생 800엔, 초중생 500엔
※메구루버스 1Day 티켓 소지자 할인 가능, 토요일은 초중생 무료
전화 052-935-6262
홈피 www.tokugawa-art-museum.jp

Sightseeing ★★☆

문화의 길 후타바관 文化のみち二葉館

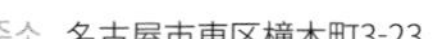

나고야성에서 도쿠가와 정원까지의 지역을 '문화의 길'이라고 하며 나고야의 역사적 유산이 된 여러 건물이 자리한다. 근대에 들어서는 기업가, 종교인, 언론인 등이 모여 살았는데, 그중에는 일본 최초의 여배우인 가와카미 사다얏코川上貞奴와 '전력 왕' 후쿠자와 모모스케福澤桃介도 있다. 그들이 살던 저택이 후타바관이며 현재는 문화의 길 거점시설 역할도 한다. 외관의 주황색 지붕이 인상적이며 내부는 일본식과 서양식이 혼합된 모습이다. 1층의 메인 홀에서는 패널과 비디오 등으로 문화의 길을 소개하고 이후 전시실에서 사다얏코의 삶과 유품 등을 만나 볼 수 있다. 2층에서는 나고야를 중심으로 활약한 문인들의 작품을 전시한다. 볼거리가 많은 건 아니지만 문화의 길을 둘러보기로 했다면 방문해 보자.

주소 名古屋市東区橦木町3-23
위치 메구루버스 이용, 문화의 길 후타바관 하차
운영 화~일요일 10:00~17:00
휴무 월요일, 12월 29일~1월 1일
요금 성인 200엔, 중학생 이하 무료
전화 052-936-3836
홈피 www.futabakan.jp

Sightseeing ★★☆

구 도요타 사스케 저택 旧豊田佐助邸

'문화의 길'에 자리한 건물로 1923년에 지어졌다. 도요타 사스케는 도요타 자동차 모기업의 설립자인 도요타 사키치의 동생이다. 그 역시 도요타 그룹에서 일했으며 생을 마감할 때까지 이곳에서 살았다. 화 · 목 · 토요일에는 사전 신청을 하지 않아도 관리자에게 영어 혹은 일본어 설명을 들을 수 있다. 방문자가 혼자라면 1:1 안내가 이루어진다. 입구 옆에 자리해 가장 먼저 만나게 되는 방은 서양식으로 꾸며진 응접실이다. 천장에는 도요타 가문의 문장이 새겨져 있기도 하다. 그 옆으로는 일본식 다다미방이 이어지고, 정원이 한눈에 보이는 구조다. 또한 이 저택은 지진에 대비한 설계로 지어져 100년에 가까운 시간 동안 큰 피해 없이도 버틸 수 있었다.

주소 名古屋市東区主税町3-8

위치 메구루버스 문화의 길 후타바관 정류장에서 도보 6분

운영 화~일요일 10:00~15:30

휴무 월요일, 12월 29일~1월 3일

요금 무료

전화 052-972-2780

Sightseeing ★★☆

나고야 돔(반테린 돔 나고야) ナゴヤドーム

일본 프로야구팀 주니치 드래건스의 홈구장이며, 1997년 다목적 경기장으로 개장해 4만여 명을 수용할 수 있다. 주니치 드래건스는 '나고야의 태양' 선동열 투수와 이상훈, 이종범, 이병규 선수가 활약했던 팀이기도 하다. 돔 구장이기 때문에 날씨와 상관없이 경기 및 콘서트 등을 즐길 수 있으며 방탄소년단, 트와이스 등 한국의 아이돌 가수들도 이곳에서 공연한 바 있다. 일본의 공연장 규모는 홀, 아레나, 돔, 스타디움의 순서로 커지며 돔 구장은 나고야를 비롯해 도쿄, 오사카, 후쿠오카, 삿포로 등 주요 도시에 자리한다. 공연을 보기 위해 여행을 계획 중이라면 이곳 주변에는 마땅한 숙박시설이 없으니 환승 없이 지하철로 오갈 수 있는 사카에역 주변에 숙소를 잡자. 나고야에 본사를 둔 의약품 회사가 명명권을 구입해 2025년까지 '반테린 돔 나고야'로 명칭이 변경되었다.

주소 名古屋市東区大幸南1-1-1

위치 지하철 나고야 돔 마에야다ナゴヤドーム前矢田역 1번 출구에서 나고야 돔까지 진입로가 이어진다. 약 10분 소요

전화 052-719-2121

홈피 www.nagoya-dome.co.jp

Food

❶

우나기키야 鰻木屋

나고야의 명물로 손꼽히는 히쓰마부시 식당이다. 에도시대부터 이어진 오래된 맛집으로 지역 내에서도 유명하다. 점심시간이나 토요일에는 줄을 서서 기다리기도 한다(명단에 이름을 적어야 함). 식당은 2층짜리 건물이며 조용한 분위기에서 식사할 수 있다. 관광객보다 현지인의 비율이 높고 혼자 와서 먹는 손님도 많은 편이다. 주문 후 장어를 굽기 때문에 음식이 나오는 데까지는 시간이 좀 걸린다. 나고야성과 비교적 가까운 거리에 위치하니 함께 들러보자.

주소 名古屋市東区東外堀町11

위치 지하철 나고야조역에서 도보 8분

운영 월~토요일 11:00~13:30

휴무 일요일

요금 히쓰마부시 정식 3,300엔~

전화 052-951-8781

Food

❷

조스이 如水

현지인들에게 인기인 라멘 맛집이다. 번화가도 아닌데 언제나 긴 줄이 늘어서 있다. 점내는 오픈 키친 구조에 카운터석만 자리하며 손님의 인원수에 따라 의자를 더하고 빼는 식이다. 가게 안에는 기다리는 자리가 마련돼 있으며 미리 주문을 받는다. 직원의 능숙한 대처 덕에 회전율은 빠른 편. 아쉽게도 영어나 한국어 안내는 없다. 이곳의 대표 메뉴는 시오しお 라멘이며 진하면서 중독성 있는 짠맛이 일품이다. 계산은 앉은 자리에서 키친 쪽 직원에게 건네면 된다.

주소 名古屋市東区徳川町201

위치 메이테쓰 세토선 모리시타역에서 도보 10분 혹은 도쿠가와 정원에서 도보 6분

운영 수~월요일 11:00~14:30, 17:30~23:00

휴무 화요일

요금 시오 라멘 880엔

전화 052-937-9228

Food

❸

요시미츠 芳光

나고야에서 유명한 와라비わらび는 고사리를 뜻하며 고사리 뿌리 전분으로 만든 찹쌀떡이다. 팥소를 품은 쫀득쫀득한 떡에 고소한 콩가루가 더해져 부드러운 단맛을 이룬다. 다만 10~6월에만 판매하기 때문에 여름에는 살 수 없다. 또한 다른 지역에서도 시간을 내어 찾아올 만큼 인기가 많아 이른 시간에 가지 않으면 품절되기도 한다. 와라비 모찌 이외에도 다양한 일본식 과자를 판매하며 테이블이 마련돼 있어 간단히 먹고 갈 수도 있다.

주소 名古屋市東区新出来1-9-1

위치 메이테쓰 세토선 모리시타역에서 도보 11분 혹은 도쿠가와 정원에서 도보 5분

운영 월~토요일 09:00~17:30

휴무 일요일

요금 와라비 모찌(1개) 330엔

전화 052-931-4432

Shopping

1

이온몰 나고야 돔 Aeon Mall ナゴヤドーム前

나고야 돔과 마주하고 있는 대형 쇼핑몰이다. 주니치 드래건스의 공식 기념품 숍이 자리하며 야구 경기나 콘서트가 있는 날에는 평소보다 더 많은 사람들로 붐빈다. 주말 역시 가족 단위의 방문객이 많은 점을 참고하자. 라코스테, 자라 등의 다양한 패션 브랜드와 세리아, 빌리지 뱅가드 등의 잡화 매장도 여럿 있다. 푸드코트를 비롯해 야바톤, 쓰키지 긴다코, 스타벅스, 툴리스 커피 등이 자리하여 쇼핑 후 허기를 달래기에도 좋다.

주소 名古屋市東区矢田南4-102-3
위치 지하철 나고야 돔 마에야다역 1번 출구에서 이어진다.
운영 10:00~21:00 ※매장마다 영업시간 다름
전화 052-725-6700
홈피 www.aeon.jp/sc/nagoyadomemae

Stay : 3성급

KKR 호텔 나고야 KKR Hotel Nagoya

나고야성과 가깝고 조용하게 쉴 수 있는 위치다. 다만 시내 중심부에서 벗어나 있어 대중교통을 이용하는 여행자에게는 접근성이 떨어진다. 때문인지 투숙객 역시 일본인 출장객 비율이 높은 편이고 렌터카 여행자들에게 어울린다. 호텔 레스토랑과 몇몇 객실에서는 나고야성을 볼 수 있다. 나고야성 뷰 객실이 아니라면 큰 메리트는 없다. 객실의 규모나 시설 등에서 전형적인 비즈니스호텔의 면모를 보인다.

주소 名古屋市中区三の丸1-5-1
위치 지하철 마루노우치丸の内역 1번 출구에서 도보 8분
요금 디럭스 싱글(나고야성 뷰) 9,500엔~
전화 052-201-3326
홈피 www.kkr-nagoya.jp

Southern Nagoya 나고야 남부

고메다 커피
コメダ珈琲
나고야코역
名古屋港駅
시 트레인 랜드
シートレインランド
인도 요리 두르가
インド料理ドルーガ
미소가스 돈우미
みそかつとん海
제티
Jetty
관광안내소
포트하우스
ポートハウス
나고야항 수족관
名古屋港水族館
남극 관측선 후지
南極観測船ふじ
나고야항 포트 빌딩
名古屋港ポートビル
가든 부두 임항 녹원
ガーデンふ頭臨港緑園
포트 빌딩 전망대
ポートビル展望室
나고야 해양 박물관
名古屋海洋博物館
N
나고야항 주변
아쓰다역
熱田駅
후시미도리 伏見通
아쓰다진구니시역
熱田神宮西駅
오쓰도리 大津通
북문
北門
본전
本宮
회관
会館
진구마에역
神宮前駅
시로토리 정원
白鳥庭園
정문
正門
아쓰다 신궁
熱田神宮
서문
西門
보물관
宝物館
미야 기시멘
宮きしめん
동문
東門
도카이도 東海道
도카이도 東海道
남문
南門
아쓰다 호라이켄
あつた蓬莱軒
N
아쓰다
아쓰다 호라이켄
본점 방향
아쓰다진구덴마초역
熱田神宮伝馬町駅

• Information •

나고야 남부(名古屋 南部)

나고야 남부 지역은 가족 단위의 여행자에게 어울리는 명소가 많다. 나고야항에 가면 수족관과 전망대, 유원지 등이 자리하며 바다를 전망으로 산책하기 좋다. 특히 수족관은 연인들의 데이트 코스로도 유명하고 휴일이 아닐 때는 관광객이 많지 않아 피곤함도 덜하다. 물론 아이들이 좋아하는 장소로 테마파크만 한 데가 없을 것이다. 그럴 때는 긴조후토역 근처의 레고랜드로 향하자. 어른들은 조금 시시할 수 있지만 아이의 행복은 부모의 행복이기도 하니! 만약 부모님을 모시고 떠나왔다면 아쓰다 신궁이나 시로토리 정원이 있는 아쓰다가 어울린다. 나무 사이를 걸으며 상쾌함을 얻고 꽃을 바라보며 기분이 좋아지는, 도심 속 자연 여행이다. 북적이는 도시에서 벗어나고 싶다면 나고야의 남부 지역으로 눈을 돌려보자.

드나들기

❶ 나고야항 주변으로 이동

나고야 시내에서 나고야항(나고야코名古屋港역)까지는 지하철 메이코선名港線이 연결한다. 메이코선은 메이조선名城線 오조네大曽根역까지 직결 운행하며, 이는 서로 다른 노선을 동일한 열차가 운행하는 것을 말한다. 때문에 열차에서 내려 환승할 필요가 없고 나고야항으로 갈 때는 '나고야코' 방면인지, 시내 쪽으로 갈 때는 '오조네' 방면인지만 확인하면 된다. 가나야마金山 방면이라면 직결 운행 열차가 아니므로 환승이 필요하다. JR이나 메이테쓰 열차 등을 이용할 경우에도 가나야마역에서 하차해 메이코선으로 환승해야 한다. 나고야코역 3번 출구로 나오면 관광안내소가 보인다.

❷ 아쓰다로 이동

지하철

아쓰다 신궁 근처는 지하철 메이조선이 지난다. 때문에 사카에나 오스, 가나야마역에서 올 때는 지하철을 이용하는 것이 편하다. 아쓰다진구니시熱田神宮西역과 아쓰다진구덴마초熱田神宮伝馬町역에서 내릴 수 있는데 진구니시는 아쓰다 신궁의 서쪽 출입구(도리이), 덴마초역은 남쪽 출입구에서 가깝다. 남쪽 출입구 근처에는 히쓰마부시로 유명한 아쓰다 호라이켄이 자리한다.

시로토리 정원에서 가장 가까운 역은 아쓰다진구니시역이다. 역에서부터 도보 10분 정도가 걸린다.

메이테쓰 열차

나고야역 방면에서 올 때는 열차를 이용하는 것이 편하다. 진구마에神宮前역에서 하차하면 길 건너로 보인다.

❸ 레고랜드/리니어철도관으로 이동

열차

나고야역에서 아오나미선あおなみ線을 이용해 긴조후토金城ふ頭역에서 하차한다(24분 소요). 나고야역의 아오나미선은 신칸센을 타는 쪽으로 가야 한다. 다이코도리 출입구 방면이니 헷갈리지 말자. 열차는 15분(09:30 이전, 17:00 이후에는 10분)마다 출발하며 긴조후토역이 종점이다.

버스

나고야 중부국제공항과 긴조후토역을 잇는 버스가 있다. 공항에 도착해 액세스 플라자로 나온 후 1층에 있는 버스 승차장에서 탑승하면 된다. 운행 편수가 많지 않으니 시간표를 보고 이용 여부를 선택하자.

단 2024년 8월 기준, 운휴 중이다. 이용 전 재개 여부를 확인하자.

홈피 www.sanco.co.jp/highway/kuwanakokusai

여행 방법과 추천 코스

나고야의 중심지에서 남쪽에 위치한 명소들을 최대한으로 둘러보려면 아쓰다와 나고야항 주변을 묶어서 여행하자. 그런데 아쓰다에 자리한 아쓰다 신궁과 시로토리 정원은 실내 시설이 아닌 데다 식사나 차를 마시지 않는 이상 계속 걸어야 한다. 때문에 도보 여행자는 궂은 날씨에 영향을 받을 수밖에 없다. 무더위나 비가 오는 날에는 선택과 집중을 하여 아쓰다 신궁이나 시로토리 정원 중 한 군데만 방문하자. 물론 렌터카 여행자는 명소마다 주차장이 있으므로 큰 불편 없이 이동할 수 있다. 나고야항 주변은 볼거리가 모여 있고 공통관람권을 구매하면 입장료 할인도 받을 수 있다. 다만 수족관이나 전망대를 제외하면 큰 볼거리는 없다.
레고랜드나 리니어철도관은 아오나미선을 이용해 나고야역으로 오고 가는 게 일반적이다. 여행 루트에 있어 남부의 다른 명소들과 별개로 보자.

Writer's pick

아쓰다 신궁(p.176) ··· 신궁 내 ··· **미야 기시멘**(p.178) ··· 도보 15분 ··· **시로토리 정원**(p.177) ··· 지하철 20분 ··· **나고야항 수족관**(p.172) ··· 도보 4분 ··· **제티**(p.175) ··· 도보 6분 ··· **포트 빌딩 전망대**(p.173)

Tip

1 아쓰다 신궁의 남쪽 출입구 근처에는 아쓰다 호라이켄도 자리한다. 기시멘보다 히쓰마부시가 먹고 싶다면 아쓰다 호라이켄으로 향해도 좋다. 다만 언제나 사람이 많아 대기는 필수다. 오픈 시간보다 일찍 가서 대기하는 방법도 있다.

2 시로토리 정원을 둘러본 뒤에는 북문을 이용해 나가자. 북문에서 메이조선 아쓰다진구니시역까지 도보 10분 정도가 걸린다. 이후 가나야마역에서 메이코선으로 환승해야 한다.

3 제티의 푸드코트에서 식사나 간식거리를 사 먹자.

Sightseeing ★★★

나고야항 수족관 名古屋港水族館

1992년에 개관한 수족관으로 지상 3층짜리 건물에 남 · 북관으로 나누어져 있다. 2층의 매표소 옆 수족관 입구가 북관이며 '39억 년의 아득히 먼 여행'을 테마로 한다. 범고래, 점박이물범, 흰 돌고래 등을 만나 볼 수 있는데, 3층의 스타디움(야외 공연장)에서는 다양한 이벤트가 펼쳐진다. 메인 풀에서 진행되는 돌고래 퍼포먼스를 비롯해 범고래와 흰 돌고래의 공개 훈련 모습도 볼 수 있다. 이벤트 스케줄 표는 종합안내소에서 받을 수 있으며 한국어 팸플릿과 함께 제공된다.

남관은 '남극으로의 여행'을 테마로 바다거북과 정어리 떼, 펭귄 등을 만날 수 있다. 남관의 인기 스타는 단연 펭귄으로 먹이 주는 시간에 맞춰 사람들이 몰리는 편이다. 또 대형 산호초 수조에서 머리 위로 지나가는 다양한 해양생물들은 이색적인 풍경을 자아낸다. 어린이를 동반한 가족 여행자나 데이트하러 나온 연인들이 많이들 찾는다.

주소 名古屋市港区港町1-3
위치 지하철 나고야코역 3번 출구에서 도보 7분
운영 화~일요일 09:30~17:30 (5월의 골든 위크 · 여름 방학 기간은 20:00까지)
휴무 월요일 (5월의 골든 위크 · 7~9월 제외)
요금 성인 2,030엔, 초중생 1,010엔, 4세 이상 500엔
전화 052-654-7080
홈피 nagoyaaqua.jp

Tip **입장료 할인**

1. **대중교통 일일승차권 혹은 도니치에코 킷푸 소지자** 성인 및 초중생 200엔, 유아 100엔 할인
2. **수족관+후지+해양 박물관+전망대 공통관람권** 성인 2,440엔

Sightseeing ★★☆

포트 빌딩 전망대 ポートビル展望室

63m 높이로 지어진 나고야항 포트 빌딩은 바다와 육지가 접해 있는 곳에 위치한다. 건물은 바다에 떠 있는 범선을 형상화한 것으로 나고야시 도시경관상을 수상했을 만큼 어디서나 눈에 띈다. 여행자들이 즐겨 찾는 곳은 건물 7층의 전망대인데 수족관과 시 트레인 랜드 등 나고야항 주변을 한눈에 담을 수 있다. 날씨가 맑은 날에는 일본의 명산 중 하나인 온타케산御嶽山이 보이기도 한다고. 어린이를 위한 발 받침대와 쌍안경(유료) 등도 마련돼 있고 특별한 이벤트가 없는 한 관람객이 많은 편은 아니다. 조용한 분위기에서 여유롭게 감상할 수 있으니 전망대를 좋아한다면 한 번쯤 들러보자.

주소 名古屋市港区港町1-9
위치 지하철 나고야코역 3번 출구에서 도보 4분
운영 화~일요일 09:30~17:00
휴무 월요일
요금 성인 300엔, 초중생 200엔, 4세 이상 무료
전화 052-652-1111
홈피 nagoyaaqua.jp/garden-pier/port-building

Tip 전망대+해양 박물관+후지

1. **공통관람권** 성인 710엔, 초중생 400엔
2. **대중교통 일일승차권 혹은 도니치에코 킷푸 소지자** 성인 590엔, 초중생 280엔

Sightseeing ★☆☆

나고야 해양 박물관 名古屋海洋博物館

일본은 섬나라이다 보니 오래전부터 선박을 이용해 식량 및 에너지 자원 등을 운반하는 일이 많았다. 나고야항은 총 취급 화물량 등에 있어 일본 제일을 자랑하며, 박물관에서 이와 같은 내용을 소개한다. 일본 최초의 자동화 컨테이너 터미널과 나고야항 축소 모형 등을 전시하고, 모니터를 보며 배의 키를 조종하거나 컨테이너 선적 장비인 갠트리 크레인을 운전할 수 있는 시뮬레이터도 자리한다.

위치 나고야항 포트 빌딩 3 · 4층
운영 화~일요일 09:30~17:00
휴무 월요일
요금 성인 300엔, 초중생 200엔, 4세 이상 무료
홈피 nagoyaaqua.jp/garden-pier/museum

Sightseeing ★☆☆

4

남극 관측선 후지 南極観測船ふじ

1965년부터 18년 동안 남극 관측을 위한 쇄빙선으로 활약하였다. 현재는 가든 부두에 정박해 당시의 모습을 전시하는 박물관 역할을 하고 있다. 선내로 들어가면 가장 먼저 식당 및 조리실을 만나게 된다. 흔들리는 선체에서 버틸 수 있게 식탁과 의자는 고정돼 있다. 곳곳에 사람 모형을 두어 선원들이 어떻게 생활했는지 소개하고 있으며 남극 관측의 성과와 도전 등에 대해서도 설명한다. 3층 갑판에는 물자 수송을 한 헬기도 자리한다.

주소 名古屋市港区港町1-1-9
위치 지하철 나고야코역 3번 출구에서 도보 4분
운영 화~일요일 09:30~17:00
휴무 월요일
요금 성인 300엔, 초중생 200엔, 4세 이상 무료
전화 052-652-1111
홈피 nagoyaaqua.jp/garden-pier/fuji

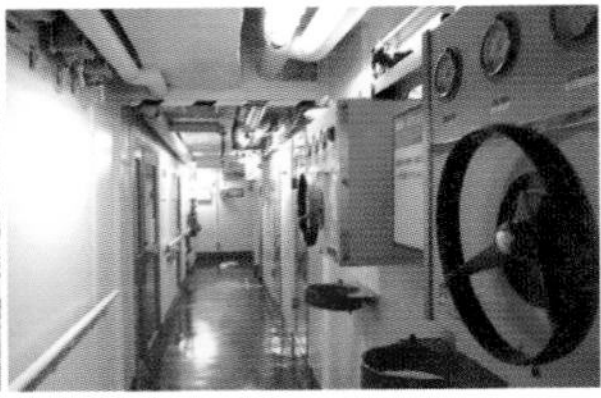

Sightseeing ★☆☆

포트하우스 ポートハウス

날개를 펼친 갈매기를 형상화한 건물로 누구나 부담 없이 이용할 수 있는 휴게소 역할을 한다. 나고야항 수족관 등의 관광명소를 찾아온 여행자들이 도시락을 먹거나 자유롭게 휴식할 수 있다. 다만 제티를 비롯해 주변에 식사나 음료를 해결할 공간이 충분하므로 여행자들이 이용하는 일은 드물다. 자판기가 마련돼 있고 수시로 음악 공연이 펼쳐진다.

주소 名古屋市港区港町1-9
위치 지하철 나고야코역 3번 출구에서 도보 3분
운영 09:30~17:00
전화 052-652-1111
홈피 nagoyaaqua.jp/garden-pier/port-house

Sightseeing ★☆☆

가든 부두 임항 녹원 ガーデンふ頭臨港緑園

한가롭게 산책하기 좋은 공원이다. 날씨가 좋은 날에는 제티 등에서 테이크아웃 음식을 사 와 피크닉을 즐겨도 좋다. 평소에는 매우 조용하고 지나다니는 사람도 적지만 이벤트가 펼쳐지는 날이나 여객선이 입항할 때는 떠들썩한 분위기로 바뀐다. 바닷바람을 느끼며 거닐고 싶은 이들에게 추천하며 노을 지는 풍경 또한 아름답다.

주소 名古屋市港区港町1
위치 지하철 나고야코역 3번 출구에서 도보 5분
전화 052-654-7080
홈피 nagoyaaqua.jp/garden-pier

Sightseeing ★★☆

시 트레인 랜드 シートレインランド

입장료가 없어 자유롭게 드나들 수 있는 작은 유원지다. 대관람차나 회전목마 등 그리 무섭지 않은 놀이기구가 10개 정도 자리해 아이들도 즐길 수 있다. 조금 낙후된 느낌도 없지 않아 있어 어른들에게는 묘한 향수를 불러일으킨다. 또한 입장객이 적고 복잡하지도 않아 가족 혹은 친구와 연인끼리 오붓한 추억을 만들기에도 좋다. 어린이를 동반한 가족 단위의 방문객이 아니라면 수족관을 다녀온 후 한두 개의 놀이기구만 타보는 것도 추천한다. 저녁에는 대관람차에 조명이 켜져 반짝이는 풍경을 즐길 수 있다.

주소 名古屋市港区西倉町1-51
위치 지하철 나고야코역 3번 출구에서 도보 5분
운영 10:00~12:00 사이 개장 (20:00~21:30 사이 폐장) ※시기에 따라 다름, 홈페이지 참조
요금 **입장권** 무료
자유이용권 초등학생 이상 2,600엔, 3세 이상 1,500엔 ※놀이기구 이용권 개별 구매 가능
전화 052-661-1520
홈피 www.senyo.co.jp/seatrainland

Food

제티 Jetty

수족관 등을 방문한 뒤 보통은 이곳에 들러 식사를 해결한다. 평일에는 한가한 편이나 주말 점심시간대에는 푸드코트의 자리를 잡으려는 눈치 싸움이 시작된다. 기시멘과 타이완 라멘, 데바사키 등의 나고야메시를 비롯해 스테이크 덮밥과 카레, 덴무스 도시락 등을 판매한다. 인형이나 열쇠고리 등의 잡화와 새우전병 등의 나고야 여행 기념품을 파는 가게도 있으니 확인해 보자.

주소 名古屋市港区港町1-7
위치 지하철 나고야코역 3번 출구에서 도보 3분
운영 10:30~18:30 ※상점마다 영업시간 다름
전화 052-654-9495
홈피 nagoyaaqua.jp/garden-pier/jetty

아쓰다

시내 중심부의 남쪽에 위치한 지역으로 이름난 명소들이 현지인들의 삶에 가까이 자리해 있다. 이른 아침 아쓰다 신궁을 방문하면 출근 전 들른 듯한 회사원들의 모습이 보인다. 새해에는 수십만 명의 참배객이 모이지만 보통 때는 평범한 일상에서 위안을 얻어가려는 사람들이 많다. 복잡한 도시 풍경에 지쳤을 때는 시로토리 정원의 한가로움도 큰 위로로 다가온다. 어쩌면 이곳은 나고야 시민들의 안식처일지도 모른다.

Sightseeing ***

아쓰다 신궁 熱田神宮

일본의 2대 종교에는 신도[神道]와 불교가 있다. 신도는 아마테라스라는 최고 신을 모시며 일본 왕실이 조상신으로 섬긴다. 아마테라스가 왕실에 하사했다고 전해지는 보물이 삼종신기(검, 거울, 구슬)인데 아쓰다 신궁은 그중 하나인 '구사나기의 검'을 보관하고 있다. 그런데 이 삼종신기라는 것을 일왕 이외에는 본 사람이 없다고 한다. 때문에 신궁에 있는 것이 가짜라는 설과 그 존재 자체를 의심하는 학자들도 있다. 물론 1,900년이 넘는 역사와 많은 사람들의 염원이 자리한 공간임에는 틀림없다. 제2차 세계대전으로 많은 부분이 파괴되었으나 1955년 주요 건물들을 재건해 현재에 이르렀다. 본전으로 가는 길에는 손과 입을 닦는 곳이 마련돼 있고 수령이 1,000년 이상 넘은 녹나무도 볼 수 있다. 매년 약 650만 명이 방문할 만큼 여행자는 물론 나고야 시민들에게 사랑받는 장소다.

주소 名古屋市熱田区神宮1-1-1
위치 메이테쓰 진구마에역에서 도보 3분(동쪽 도리이) 혹은 지하철 아쓰다진구니시역 2번 출구에서 도보 5분(서쪽 도리이)
운영 24시간(보물관 09:00~16:30)
요금 **입장** 무료
보물관 성인 500엔, 초중생 200엔
전화 052-671-4151
홈피 www.atsutajingu.or.jp

Tip 신궁과 신사

신사에 모신 신이 일본 왕실의 선조이거나 왕족과 관련돼 있다면 신궁이라고 부른다.

Sightseeing ★★☆

시로토리 정원 白鳥庭園

호수를 중심에 두는 지천회유식 정원으로, 도카이 지방 최대 규모를 자랑한다. 남쪽에 자리한 언덕은 온타케산, 호수는 이세만을 상징하며 산에서 발원한 기소강이 이세만으로 흘러가는 모습을 묘사한 것이다. 같은 지천회유식이지만 도쿠가와 정원(p.161)과는 또 다른 느낌을 받을 수 있다. 시로토리는 백조를 뜻하며, 정원 중앙의 세이우테이清羽亭 다실은 이름에 걸맞게 백조가 물 위에 내려앉은 모습을 형상화하여 지은 것이다. 안뜰로 들어가면 섬세하게 꾸며 놓은 정경과 마주하게 되는데 다실과 주변 풍경의 조화가 한없이 고즈넉하다. 조용한 분위기에서 산책하기 좋은 공간이며 어느 계절에 찾아도 좋지만 특히 가을 단풍이 절경이다.

주소 名古屋市熱田区熱田西町2-5
위치 지하철 아쓰다진구니시역
4번 출구에서 북문까지 도보 10분
운영 화~일요일 09:00~17:00
휴무 월요일, 12월 29일~1월 3일
요금 성인 300엔, 중학생 이하 무료
전화 052-681-8928
홈피 www.shirotori-garden.jp

Food

1

미야 기시멘 宮きしめん

나고야메시인 기시멘은 시내 어디서든 맛볼 수 있지만 이곳 식당이 특별한 이유는 아쓰다 신궁 내에 위치하기 때문이다. 건물이 아닌 지붕 아래 테이블과 의자가 놓여 있는데 허름한 분위기까진 아니다. 메뉴는 기시멘을 기본으로 하여 새우튀김天ぷら, 참마とろろ 등의 추가 재료에 따라 달라진다. 주문 후 음식을 받고 반납하는 것까지 모두 셀프서비스이며 조리 공간 맞은편에 파가 있으니 취향에 맞게 넣어 먹자. 차(음료)도 같은 자리에 마련돼 있다. 녹음을 배경에 두고 먹는 기시멘은 숲의 기운이 더해져 또 색다르게 다가올 것이다.

주소 名古屋市熱田区神宮1-1-1
위치 아쓰다 신궁 내 위치
운영 09:00~16:30
요금 미야 기시멘 800엔
전화 052-682-6340
홈피 www.miyakishimen.co.jp/sp/jingu

Food

2

아쓰다 호라이켄 あつた蓬莱軒

1873년에 창업한 가게로 '히쓰마부시'의 등록상표를 갖고 있다. 본점을 포함해 나고야 시내에만 4개의 지점이 있는데 어디든 기다리는 건 매한가지다. 아쓰다 신궁을 방문하면 남쪽 출입구로 나와 이곳 신궁점을 찾는 게 편하다. 본점은 걸어서 5분 정도 더 가야 된다. 적당한 단맛과 바삭바삭한 장어의 식감이 일품이다. 원조의 맛을 느껴보고 싶다면 한 번쯤 방문해 보자.

주소 名古屋市熱田区神宮2-10-26
위치 아쓰다 신궁 남쪽 도리이에서 도보 1분
운영 수~월요일 11:30~14:30, 16:30~20:30
휴무 화요일, 둘째 · 넷째 월요일
요금 히쓰마부시 4,600엔
전화 052-682-5598
홈피 www.houraiken.com

Tip 여름 보양식

한국에 복날이 있다면 일본에는 도요노우시노히土用の丑の日가 있다. 여름철 몸보신을 위해 장어를 먹는 날로, 히쓰마부시 식당은 평소보다 더 붐빈다. 매년 날짜가 달라지며 2025년은 7월 19일, 7월 31일이다.

• Special Page 1 •

가족 여행자라면 바로 이곳
레고랜드 재팬(レゴランド・ジャパン)

전 세계 여러 도시에 지점을 둔 글로벌 테마파크로 나고야에는 2017년에 개장하였다. 다른 나라와 비교해 규모는 작은 편이지만 팩토리, 브릭토피아, 미니랜드, 어드벤처, 레고시티 등 8개의 지역에서 다양한 볼거리와 즐길 거리를 제공한다. 스릴 넘치는 놀이기구보다는 아이들이 좋아할 만한 시설 위주다. 이동하는 사이사이 레고로 만든 다양한 포토 포인트도 마련돼 있어 걸음을 절로 멈추게 만든다. 또한 5개의 레스토랑과 더불어 추로스, 아이스크림, 감자튀김 등의 길거리 간식도 판매한다. 그중 브릭 모양의 감자튀김이 인기가 많다. 다만 전반적으로 가격대가 높고 길거리 간식의 경우 오픈 시간이 제각각이다. 레고랜드에 입장하기 전 복합상업시설 메이커스 피어(p.183)에서 식사를 해결하는 방법도 있다. 실내 볼거리도 있긴 하나 대부분 야외 활동이 주를 이루는 터라 날씨가 궂은 날에는 추천하지 않는다.

수족관 '시 라이프'와 '레고랜드 재팬 호텔' 역시 곳곳에 귀여운 레고가 자리한다. 특히 시 라이프는 다양한 해양생물 외에도 볼거리가 많다. 별도의 입장료가 있으니 테마파크와 함께 둘러보려면 콤보 1Day 패스를 구매하자. 패스 가격은 시기에 따라 달라진다.

Tip 티켓 할인

티켓은 방문 날짜에 따라 가격이 달라진다. 홈페이지를 통해 할인가로 구매할 수 있고, 나고야 사카에 워싱턴 호텔 플라자, 프린스 호텔 나고야 스카이 타워 등의 레고랜드 파트너 호텔에서 묵을 시에도 티켓 할인 서비스를 제공한다. 호텔 프런트에서 구매 가능하니 문의해 보자.

주소 名古屋市港区金城ふ頭 2-2-1

위치 아오나미선 긴조후토역 하차 (나고야역에서 출발 시 24분 소요). 개찰구를 통과하면 이정표가 보이며 육교를 건너고 메이커스 피어를 지나 레고랜드에 이른다.

운영 10:00 개장 (16:00~17:00 사이 폐장) ※시기에 따라 다름. 홈페이지 참조

요금 **1Day 패스(온라인)** 성인(13세 이상) 6,400엔, 어린이(3~12세) 4,100엔 ※시기에 따라 다름

전화 050-5840-0505

홈피 www.legoland.jp

팩토리 Factory

테마파크로 입장하면 가장 먼저 나오는 지역이다. 오른쪽 건물로 향하면 팩토리 투어에 참여할 수 있는데, 레고의 역사와 블록이 만들어지는 과정 등을 소개한다. 투어가 끝나면 시즌별 한정판 브릭 하나를 받을 수 있어 인기가 많다. 입구를 등지고 왼쪽에 자리한 건물은 기념품 숍이다. 테마파크를 떠나기 전에 들르는 것을 추천한다. 아이와 함께라면 이곳에서 꽤 오랜 시간을 보내게 될지도 모른다.

브릭토피아 Bricktopia

팩토리에서 이어지는 브릭토피아는 레고 블록을 이용해 상상력을 발휘할 수 있는 공간이다. 레고로 자동차를 만들어 경주에 참가하거나 마켓에서 부품을 구입해 나만의 레고도 만들 수 있다. 또한 50m 높이의 전망대와 회전목마, 회전 컵, 듀플로 열차 등 아이들을 위한 놀이기구, 닌자고 공연장이 자리한다.

미니랜드 Miniland

레고랜드에서 놓쳐선 안 될 지역이다. 천만 개가 넘는 브릭을 이용해 일본의 유명 랜드마크와 거리 풍경을 재현해냈다. 나고야의 명소로는 나고야성과 오아시스 21, 선샤인 사카에의 대관람차, 모드 학원 스파이럴 타워, 나고야항 포트 빌딩 등이 모여 있다. 그중에서도 야구 경기가 한창인 나고야 돔을 놓치지 말자. 관중과 부대시설, 돔 주변 풍경까지 눈길을 사로잡는다.

어드벤처 Adventure

아이들의 웃음소리가 가장 많이 들려오는 곳이다. 모험을 테마로 한 다양한 어트랙션이 자리해 있는데 스퀴드 서퍼, 로스트 킹덤 어드벤처 등이 인기다. 특히 스퀴드 서퍼는 지나가는 사람들이 해저폭탄을 눌러 물보라를 일으키기도 한다. 브릭 모양의 감자튀김도 이곳에서 사 먹을 수 있다.

레고시티 Lego City

도시 생활과 응급 서비스, 공항 등을 묘사한 레고의 대표적인 시리즈 이름이기도 하다. 이곳에서는 시티의 일원이 되어 자동차를 운전하거나 소방관처럼 불을 끄고 비행기를 조종한다. 자동차 주행 후에는 운전면허증이 발급돼 아이들에게 인기가 많다. 다양한 체험을 통해 결단력과 팀워크를 배울 수 있다. 또한 시티 숍이 자리해 다양한 레고 프렌즈 상품을 판매한다.

나이트 킹덤 Knight's Kingdom

중세의 기사를 테마로 한 공간이며 인기 어트랙션은 더 드래곤이다. 높이가 낮고 구간도 짧지만 레고랜드 기준에선 스릴 있는 롤러코스터다. 그 외에도 멀린 플라잉 머신과 멀린 챌린지 등의 어트랙션도 만나 볼 수 있다.

파이럿 쇼어스 Pirate Shores

해적을 테마로 하며 물을 이용한 어트랙션과 해적선 등이 눈에 띈다. 그중 스플래시 배틀은 쉽게 말해 물총싸움이라고 보면 된다. 옷이 젖을 수밖에 없지만 아이들은 물론 어른들도 즐거워한다.

닌자고 월드 Ninjago World

입구에서부터 닌자를 테마로 한 다양한 포토 포인트가 자리해 있다. 소형 암벽 등반장이나 장난감 표창을 날리는 간단한 게임 시설과 플라잉 닌자고, 로이드 스핀술 스피너, 카이 스카이 마스터 등의 어트랙션을 갖추었다.

More & More 레고랜드에서 더 특별한 하루를!

시 라이프 Sea Life

2018년에 오픈한 시 라이프는 레고랜드 정문 맞은편에 자리한다. 아이들을 위한 수족관으로 규모가 크진 않다. 상어, 가오리, 해마, 흰 동가리, 문어 등 3,500여 생물과 만날 수 있으며 다양한 테마로 꾸며져 볼거리를 제공한다. 비수기나 홈페이지에서 좀 더 저렴하게 구매할 수 있다.

운영 11:00 개장(17:00~18:00 사이 폐장)
요금 **콤보 1Day 패스(온라인)**
성인(13세 이상) 7,200엔, 어린이(3~12세) 4,900엔
홈피 www.legoland.jp/resort-guide/sealife-nagoya

② 레고랜드 재팬 호텔 Legoland Japan Hotel

레고랜드에서 하루 이상 지낼 수 있게 지어진 호텔이다. 해적, 어드벤처, 왕국, 닌자 등의 테마로 꾸며진 객실을 예약할 수 있으며 아이들에게는 최고의 숙소로 남을 만하다. 호텔 예약 전 홈페이지를 통해 레고랜드의 휴무 여부를 반드시 확인하자.

요금 4명(성인 2명+어린이 2명) 43,000엔~
전화 050-5840-0505
홈피 www.legoland.jp/hotel

• Special Page 2 •

'철덕'이 아니어도 좋아 리니어철도관(リニア鉄道館)

일본은 도시 내 수송과 도시 간 수송에 있어 철도가 매우 중요한 역할을 담당한다. 국토가 남북으로 길게 뻗어 있어 거점 도시 사이를 오가는 데 철도의 이용과 다양성은 커질 수밖에 없었을 것이다. 실제로 일본 내 철도 회사는 약 200여 개가 있고, 여객 수송 비율이 40% 이상을 차지할 만큼 철도 의존도가 높다. 그래서인지 유난히 '철덕(철도+덕후)'도 많은데, 그들을 주제로 한 애니메이션이나 방송, 게임 등도 심심찮게 찾아볼 수 있다.

이러한 '철덕'은 물론, 아이를 동반한 여행자들이 가볼 만한 곳으로 리니어철도관을 추천한다. JR도카이에서 운영하는 철도박물관으로 2011년 3월에 개관했다. 실물 차량 전시를 통해 철도의 구조와 역사뿐 아니라 기술 발전을 소개하고, 철도가 일본 사회와 경제, 문화 및 라이프스타일에 어떠한 영향을 미쳤는지 배울 수 있다.

안으로 들어서면 세계 최고 속도를 기록한 3대의 차량을 시작으로 역대 신칸센, 재래선을 포함한 39량의 실물 차량을 만나 볼 수 있다. 전시관 가장 왼쪽의 C62형 증기 기관차는 1954년 협궤 철도 증기 기관차로 가장 빠른 속도(129km/h)를 기록했다. 가운데 955형 신칸센 시험용 전동차는 '300X'라고도 불리며 최고의 고속철도 시스템을 위해 개발한 시험 차량이다. 1996년 전차 방식에서 당시 세계 최고 속도(443km/h)를 냈다. 맨 오른쪽 초전도 리니어 MLX01-1은 2003년 야마나시 리니어 시험선에서 제작된 차량으로 역시나 당시 세계 최고 속도(581km/h)를 기록했다. 뒤쪽으로 이어지는 광장에서도 나머지 수십 종의 차량을 확인해 보자.

주소 名古屋市港区金城ふ頭3-2-2
위치 아오나미선 긴조후토역 하차 (나고야역에서 출발 시 24분 소요), 역에서 도보 2분
운영 수~월 10:00~17:30
휴무 화요일, 12월 28일~1월 1일
요금 성인 1,000엔, 초중고생 500엔, 유아 200엔
전화 052-389-6100
홈피 museum.jr-central.co.jp

또 이곳 철도관에서는 일본 최대 면적을 자랑하는 디오라마를 볼 수 있다. 디오라마는 배경을 그린 큰 막 앞에 축소 모형을 설치하여 자연 풍경, 도시 경관 등 특정한 장면을 만들거나 배치한 것이다. 도카이도 신칸센 주변 풍경을 재현한 디오라마를 감상하며 지역 곳곳의 명소를 확인하는 것도 재미있다. 여기에 더해 신칸센 실물 크기의 운전대와 대형 곡면 스크린으로 구성된 운전 시뮬레이터는 선착순 접수로 진행된다(500엔). 컴퓨터 그래픽을 통해 스크린에 주행 풍경이 펼쳐지고 15분 동안 체험할 수 있다. 바로 옆 재래선 시뮬레이터는 비교적 한산하게 이용 가능하고 비용도 신칸센보다 저렴하다.
이 외에도 시속 500km를 체험할 수 있는 초전도 리니어 시어터나 고속철도 기술의 역사 코너, 키즈 코너, 기차역 도시락을 판매하는 델리카 스테이션, 뮤지엄 숍 등을 갖추었다. 한국어 안내 표지는 없지만 철도관 내 와이파이를 연결해서 한국어 오디오 가이드를 들을 수 있다. 전시관 내에 코인로커가 있으니 짐을 맡기고 편하게 둘러보자.

More & More 메이커스 피어

철도관 내 델리카 스테이션보다 좀 더 그럴싸한 식당을 찾는다면 긴조후토역에서 육교로 이어지는 메이커스 피어를 추천한다. 옥외형 복합상업시설로 일식과 양식은 물론 디저트까지 즐길 수 있다. 때때로 메이커스 피어에서 일정 금액 이상 구매 시 리니어 철도관의 입장료를 할인해 주는 이벤트도 진행한다. 방문 전 홈페이지를 통해 확인해 보자.

운영 10:00~18:00
※상점마다 영업시간 다름
홈피 www.makerspier.com

Tokoname 도코나메

센트레아 라인 セントレアライン
도코나메시 도자기회관
常滑市陶磁器会館
도자기 산책길 시작점
도코나메역
常滑駅
가네후쿠 멘타이 파크
かねふくめんたいパーク
도코냥
とこにゃん
관광안내소
도코나메 마네키네코도리
とこなめ招き猫通り
빵 공방 후샤
パン工房風舎
코스트코
Costco
스프링 써니 호텔
Spring Sunny Hotel
와비스케
侘助
린쿠 비치
りんくうビーチ
보트레이스 도코나메
ボートレースとこなめ
센트레아 라인 セントレアライン
INAX 라이브 뮤지엄 방향
(900m)
이온몰 도코나메
Aeon Mall 常滑
린쿠도코나메역
りんくう常滑駅
J 호텔 린쿠
J Hotel Rinku
중부국제공항 방향
(2km)
N
도코나메

• Information •

도코나메(常滑)

아이치현 서부에 위치한 도시로 나고야 중부국제공항도 도코나메시의 인공 섬에 자리한다. 이곳을 이야기할 때 빼놓을 수 없는 것이 바로 도자기다. 도자기 생산은 도코나메의 주요 전통 산업이며, 8세기 후반부터 이어져 온 것으로 알려져 있다. 도자기 산책길로 접어들면 현재는 사용하지 않는 오래된 가마나 굴뚝 등이 보인다. 가장 번성했던 시절의 역사적 유산들이 거리 곳곳을 채우며 옛 정취를 품고 있다. 지금도 여러 작가들이 이곳 마을에 살고 있으며 도코나메 도자기를 식기로 내놓는 식당이나 도예 체험을 할 수 있는 공방, 갤러리 등이 관광객을 이끈다. 또한 일본 최대의 마네키네코 산지이다 보니 길을 걷다 흔히 보이는 고양이 장식물에 피식 웃음이 나기도 한다. 애니메이션 〈울고 싶은 나는 고양이 가면을 쓴다〉의 배경지이기도 하다.

드나들기

❶ 중부국제공항에서 도코나메로 이동

열차

공항에서 도코나메까지는 메이테쓰 열차로 금방이다. 도자기 산책길을 방문할 예정이라면 공항에서 두 정거장 거리인 도코나메常滑역에서 하차하자. 뮤스카이를 제외하고 전 등급 열차가 정차한다. 소요 시간은 5분 내외로 요금은 330엔이다.
이온몰 도코나메를 먼저 가려면 공항에서 한 정거장 거리인 린쿠도코나메りんくう常滑역에서 하차하자. 급행, 준급, 로컬열차가 지난다. 소요 시간은 3분이며 요금은 230엔이다.

택시

공항에서 도코나메역까지의 거리는 약 4km 정도다. 택시를 이용하면 7분 내외로 오갈 수 있다.

❷ 나고야 시내에서 도코나메로 이동

나고야역에서 메이테쓰 열차를 타고 도코나메역 혹은 린쿠도코나메역에서 하차한다. 특급열차의 경우 도코나메역까지 약 30분이 소요되며 요금은 680엔(일반석)이다.

❸ 시내 이동

대부분의 볼거리가 도코나메역 주변에 몰려 있다. 걸어서도 충분히 둘러볼 수 있지만 INAX 라이브 뮤지엄에 갈 예정이라면 버스를 타야 한다. 도코나메역 서쪽 출입구 앞에 버스정류장이 있다. 도보 25분 소요.
도코나메역과 린쿠도코나메역까지는 약 1.7km 거리다. 걸어서 22분 정도가 걸린다. 시간 여유가 많다면 걸을 수도 있지만 날씨가 안 좋은 날에는 메이테쓰 열차를 이용하자.

여행 방법과 추천 코스

도코나메는 당일치기 여행으로 많이들 찾는 편이다. 가장 큰 볼거리인 도자기 산책길의 경우 한두 시간이면 충분히 돌아볼 수 있다. 당일치기를 계획한다면 공항에서 나고야 시내로 들어가기 전에 들르거나 한국으로 돌아가는 날 공항으로 가기 전에 방문해 보자. 짐은 도코나메역에 있는 코인로커에 두고 움직이면 된다. 캐리어가 크다면 역무원에게 요청해 짐을 맡길 수 있다(유료). 물론 공항으로 가기 전에 방문했다면 여유 시간을 두고 움직여야 한다는 점을 잊지 말자.
사람 많은 대도시보다 소도시의 한적함을 좋아하는 여행자라면 도코나메에서 하룻밤 묵어보는 것도 추천한다. 몇몇 호텔에서는 자전거를 빌려주기도 하니 여유로운 시간을 즐길 수 있다. 중부국제공항과 한 정거장 거리인 린쿠도코나메역 바로 앞에는 이온몰 매장이 크게 자리하고 있어 한국으로 돌아가기 전 기념품 쇼핑에도 좋다. 또한 린쿠 비치에서 바라보는 노을 지는 풍경은 여행의 마지막 날을 아름답게 장식해 줄 것이다.

Writer's pick

도코나메역 관광안내소 ···› 도보 3분 ···› **도코나메 마네키네코도리**(p.190) ···› 도보 1분 ···› **도자기 산책길**(p.191) ···› 도보 5분 ···› **도코냥**(p.190) ···› 도보 10분 ···› **와비스케**(p.193) ···› 열차 2분 ···› **이온몰 도코나메**(p.194) ···› 도보 12분 ···› **린쿠 비치**(p.192)

Tip

1 도코나메역 관광안내소에서 도자기 산책길의 지도를 챙기자.
2 도자기 산책길 A코스에는 와비스케를 비롯해 다양한 식당 및 카페가 자리한다.
3 당일치기 여행자가 이온몰 도코나메와 린쿠 비치까지 들르기에는 무리가 있다.

Sightseeing ★★☆

❶

도코나메 마네키네코도리 とこなめ招き猫通り

도코나메역에서 도자기 산책길로 향하는 거리 벽면에 39개의 마네키네코 조각이 자리한다. 도코나메시의 도예 작가 39명이 작업한 것으로 각각 불러오는 행운도 다르다. 장수와 순산, 질병 완치 등의 건강과 관련된 것부터 여행 안전, 합격 기원, 학업 성취 등 다양하다. 마네키네코 조각 앞에서 사진을 찍는 것만으로도 어쩐지 행운이 다가오는 듯하다.
도코나메의 상징이기도 한 도코냥은 다리가 이어져 있는 벽면 위쪽에 있으며, 그 주변에 진짜처럼 보이는 11개의 고양이 조각도 자리한다. 도자기 산책길을 방문해 이정표를 보고 찾아가면 가까이서 볼 수 있다.

주소 常滑市栄町2-14
위치 메이테쓰 도코나메역에서 도보 3분
홈피 www.tokoname-kankou.net

Sightseeing ★★☆

❷

도코냥 とこにゃん

너비 6.3m, 높이 3.2m의 거대한 마네키네코다. 크고 처진 눈망울의 전형적인 마네키네코 얼굴이 마을을 지켜보고 있다. 다리 위에서 봐야 가장 가까이서 볼 수 있으며 그 크기도 실감이 난다. 바로 앞에는 고양이 조각 두 마리(?)가 도코냥을 흥미롭게 올려다보고 있어 웃음을 자아낸다. '도코냥'이란 이름은 시민들에게 의견을 모집해 붙여진 것이며 '행복을 부르는 고양이'라는 말도 따라붙는다.

주소 常滑市栄町2
위치 도자기 산책길 ⑤번 이정표에서 오른쪽 길
홈피 www.tokoname-kankou.net

More & More 마네키네코

일본의 식당이나 상점 등에서 자주 볼 수 있는 고양이 장식물로, 누군가를 부른다는 뜻의 '마네키招き'와 고양이 '네코猫'가 합쳐진 이름이다. 오른발을 들고 있으면 금전을 부르고 왼발을 들고 있으면 사람을 불러 모은다고 한다. 물론 양 발을 들고 있는 욕심 많은 마네키네코도 있다. 또한 색깔과 소지한 물건에 따라서도 상징하는 게 다르다. 흰색 고양이는 복, 금색은 금전, 검은색은 액막이를 의미한다. 보통은 천만 냥千万両이 적힌 금화를 들고 있는데, 이는 에도시대에 사용되던 통화다. 도미와 같은 물고기를 들고 있으면 부와 번영을, 부채나 북은 장사의 번성을 상징한다. 행운을 부른다는 것은 매한가지이기 때문에 여행 기념품으로 많이들 산다.

Sightseeing ★★★

도자기 산책길 やきもの散歩道

도코나메역에서 마네키네코도리를 지나면 도자기회관에 다다른다. 이곳이 바로 도자기 산책길의 출발점이며 회관 안으로 들어가 산책길 경로가 그려진 팸플릿을 얻을 수 있다. 도코나메역 관광안내소를 들르지 못했다면 이곳에서 챙기자. 또한 마네키네코와 도코나메산 도자기 상품들을 판매해 구경하는 재미도 있다.

산책길의 경로는 A코스와 B코스로 나뉜다. A코스는 약 1.6km 길이로 벽돌 굴뚝과 가마, 해상운송 중계업자의 저택, 토관 언덕 등을 볼 수 있다. 오랫동안 도자기를 만들어 온 도코나메시의 역사가 자리하는 길이자 곳곳에 놓인 도자기 장식들이 사람들의 발걸음을 멈추게 한다. 다만 현지인이 생활하고 있는 거주지이기도 하니 큰 소리를 내는 건 자제하자. 실제로 매우 조용한 분위기다. 걷는 것만으로는 약 1시간 정도 걸리는 루트지만 곳곳에 도자기를 판매하는 상점과 카페, 레스토랑 등이 있기 때문에 실제로는 더 걸린다. B코스는 4km 길이로 걸어 다니기에는 무리가 있다. 보통 A코스를 둘러본 뒤 B코스의 INAX 라이브 뮤지엄까지만 가는 편인데 도코나메역 서쪽 출입구 앞 정류장에서 버스를 이용하자. B코스는 도자기에 관심 많은 여행자에게 추천한다.

위치 도자기회관부터 거리(혹은 바닥)에 있는 이정표를 보고 따라간다.
전화 0569-35-2033
홈피 www.tokoname-kankou.net

Sightseeing ★☆☆

4

가네후쿠 멘타이 파크 かねふくめんたいパーク

이상하게 들릴 수도 있지만 이곳은 명란젓 테마파크다. 명태의 생태 등을 설명하는 박물관과 명란젓의 실제 제조 모습을 견학할 수 있다. 제조실의 직원들은 흰색, 하늘색, 핑크색 앞치마를 입고 있는데 색에 따라 역할이 다르다. 사실 볼거리가 많은 건 아니지만 무료입장인 데다가 명란으로 만든 다양한 제품을 판매해 쇼핑하기가 좋다. 특히 푸드코트의 명란 삼각김밥은 꼭 먹어봐야 한다. 삼각김밥치고 가격이 좀 나가지만 맛을 보면 수긍할 정도로 유명하며 품절 또한 잦다. 어쩐지 경계하게 되는 명란 아이스크림은 달면서도 알싸한 맛이 감돌아 특이하다. 참고로 명란젓의 원조는 한국이며 멘타이めんたい 역시 우리말 명태에서 비롯된 이름이다.

주소 常滑市りんくう町1-25-4
위치 메이테쓰 도코나메역에서 도보 13분
운영 월~금요일 09:30~17:15,
토 · 일 · 공휴일 09:00~17:45
요금 무료
※일부 유료
전화 0569-35-9900
홈피 mentai-park.com/tokoname

Sightseeing ★★☆

린쿠 비치 りんくうビーチ

도코나메에 자리한 인공 해변이다. 성수기가 아닐 때는 대체로 사람이 적어 조용하게 산책할 수 있다. 현지인들은 이온몰에서 패스트푸드나 도시락, 음료 등을 사 와 피크닉을 즐기기도 한다. 또한 08:00~17:00 사이에는 바비큐장(유료) 이용이 가능하다. 굳이 무언가를 먹지 않아도 야자나무 아래에 앉아 바다를 바라보거나 사진을 찍으며 놀기 좋다. 어느 때나 좋지만 석양이 질 무렵에 방문하는 것을 추천한다. 한국으로 돌아가기 전날 도코나메에 머무른다면 여정을 마무리하는 장소로 이만한 데가 없다.

주소 常滑市りんくう町2
위치 메이테쓰 린쿠도코나메역에서
도보 15분
전화 0569-34-8888
홈피 rinku-beach.jp

Food

1

빵 공방 후샤 パン工房風舎

도자기 산책길 A코스에서 만나 볼 수 있는 빵 가게다. 구라후토야도리暮布土屋通り라고 이름 붙여진 골목에 자리하며 레스토랑과 잡화점 등이 모여 있다. 가게 건물은 큰 편이지만 빵을 만드는 작업장이 넓고 손님이 들어갈 공간은 협소하다. 네다섯 명만 들어가도 마치 뷔페처럼 일렬로 줄을 서서 빵을 골라야 한다. 식빵, 포카치아, 카레빵, 멜론빵, 스콘, 러스크 등 다양한 종류가 있으니 취향에 따라 골라보자. 미니 냉장고를 두어 주스 팩과 병 우유도 판매한다. 가게 앞 야외 테이블에서 먹고 갈 수도 있다.

주소 常滑市栄町3-90
위치 도자기 산책길 ⑳번 이정표 오른쪽 건물
운영 수~월요일 11:00~17:00
휴무 화요일
요금 멜론빵 350엔, 병 우유 250엔
전화 0569-34-8833

Food

2

와비스케 侘助

본래 토관 공장이었던 건물로 예스러운 가구들과 도자기 장식 등이 아늑한 분위기를 자아낸다. 빵 공방 후샤 옆이니 함께 들러도 좋다. 인기 메뉴는 도나베 카레 우동土鍋カレーうどん이며, 도나베는 일반적인 우동 그릇에 비해 보온성이 높은 도자기 냄비다. 때문에 보글보글 끓는 채로 나와 다 먹을 때까지 뜨끈하다. 반숙 달걀과 절임 반찬, 적은 양의 밥도 함께 나오는데 일단은 쫄깃쫄깃한 우동 면발부터 즐기는 게 먼저다. 이후 달걀을 풀면 더욱 부드러운 맛을 살릴 수 있다. 그리고 얼마 안 남은 국물에 밥을 말아 마무리하자. 우동 이외에도 다양한 메뉴가 있는데 일본어 설명밖에 없지만 사진과 함께 소개돼 있어 주문이 어렵진 않다. 다양한 빙수 메뉴도 유명하다.

주소 常滑市栄町3-89
위치 도자기 산책길 ⑳번 이정표, 빵 공방 후샤 지나 안쪽에 위치
운영 수~월요일 11:00~17:00
휴무 화요일
요금 도나베 카레 우동 1,500엔
전화 0569-34-7169

Shopping

1

이온몰 도코나메 Aeon Mall 常滑

좌우로 기다란 구조를 가진 대형 쇼핑몰이다. 마트와 드러그스토어가 있기 때문에 한국으로 돌아가기 전 여행 기념품을 한 번에 해결할 수 있다. 캐리어는 쇼핑몰 내 코인로커에 맡겨도 좋다. GU, 유니클로, H&M 등의 스파 브랜드를 비롯해 다양한 의류 매장이 있으며 다이소 등의 잡화 매장도 많다. 식사는 1층의 식당가 도코나메노렌마치常滑のれん街나 2층의 푸드코트를 방문해 보자. 또한 도코나메에 있는 이온몰답게 특이한 볼거리도 있는데, 바로 식당가 중앙에 있는 대형 마네키네코다. 6.5m 높이의 엄청난 크기를 자랑하며 사진 촬영 지점까지 마련돼 있다.

홈페이지나 인포메이션에서 외국인 관광객을 위한 500엔 할인쿠폰을 받을 수 있고 5,500엔(세금 포함) 이상 구매 시 이용 가능하다.

주소 常滑市りんくう町2-20-3
위치 메이테쓰 린쿠도코나메역 개찰구를 나와 왼쪽으로 보인다.
운영 10:00~21:00
전화 0569-35-7500
홈피 tokoname-aeonmall.com

Stay : 3성급

스프링 써니 호텔 Spring Sunny Hotel

도코나메역과 가까워 공항이나 다른 지역으로의 이동이 편리하다. 객실은 침대방과 다다미방을 갖추었고 다다미방은 복도에서부터 신발을 벗고 들어간다. 객실 크기가 꽤 넓고 지하에는 대욕장(05:00~09:00, 15:00~24:00)도 자리한다. 주차장은 3박 4일간 무료로 이용할 수 있다. 다만 조식은 오전 9시 30분까지만 주문 가능하다. 투숙객에 한해 자전거를 무료로 빌려주는데 이온몰이나 린쿠 비치까지는 자전거로 10분 정도 걸린다. 길 건너에 로손 편의점도 있다.

주소 常滑市新開町3-174-1
위치 메이테쓰 도코나메역에서 도보 3분
요금 다다미방 트윈 10,200엔~
전화 0569-36-1600
홈피 www.springsunny.jp

Tip 침대 혹은 다다미

일본의 몇몇 호텔은 스탠더드나 디럭스와 같은 객실 스타일 이외에도 서양식과 일본식이라는 옵션을 두고 있다. 서양식은 침대가 자리한 일반적인 객실 스타일이며 딱히 특이한 점은 없다. 반면 일본식은 다다미가 깔려 있는 방에 이부자리를 펼치는 형식이다. 바닥이 낯선 외국인 여행자를 위해 낮은 매트리스를 두고 있기도 하다. 료칸까지는 아니어도 다다미방을 체험할 수 있다는 점에서 고려할 만한데, 특히 어린아이가 있는 가족 단위의 여행자에게 추천한다. 아이들이 침대에서 떨어질 위험도 없고 공간 또한 넓어 보인다. 서양식 혹은 일본식이라고 해서 가격 차이가 있는 것은 아니니 다다미방을 갖춘 호텔에서 묵어보는 것도 좋은 추억이 될 것이다. 단 다다미방 특유의 냄새가 개인에 따라 거슬릴 수 있다.

Stay : 3성급

J 호텔 린쿠 J Hotel Rinku

아침 스케줄로 비행기를 타야 한다면 이곳 호텔을 고려해 보자. 중부국제공항과 한 정거장 거리에 있는 린쿠도코나메역 바로 옆에 위치한다. 열차가 지나가는 것 외에는 주변 환경 또한 조용하다. 무엇보다 이온몰과 가깝기 때문에 한국으로 돌아가기 전 '마지막' 쇼핑을 해결하기에도 좋다. 객실은 깔끔하게 꾸며져 있고 나고야 시내에 있는 비즈니스호텔과 비교해 큰 편에 속한다.

주소 常滑市りんくう町3-2-1
위치 메이테쓰 린쿠도코나메역 개찰구를 나와 오른쪽으로 보인다.
요금 더블 14,400엔~
전화 0569-38-8320
홈피 www.j-hotel-rinku.com

Inuyama 이누야마

이누야마
N
기소강
木曾川
기소가와 산책로
木曽川遊歩道
우카이 선착장
린코칸
臨江館
이누야마유엔역
犬山遊園駅
호텔 인디고 이누야마 우라쿠엔
Hotel Indigo Inuyama Urakuen
▲출입구
이누야마성
犬山城
우라쿠엔
有楽苑
하리츠나 신사
針綱神社
산코이나리 신사
三光稲荷神社
이누야마 조카마치
犬山城下町
두부 카페 우라시마
豆腐かふぇ 浦嶌
마메키치
豆吉本舗
혼마치 사료
本町茶寮
마쓰에 혼텐
松栄本店
이누야마 규타로
犬山牛太郎
돈덴관
どんでん館
이누야마 조카마치 쇼와요코초
犬山城下町 昭和横丁
차도코로 쿠라야
茶処くらや
요시가와야
芳川屋
관광안내소
메이지무라행 버스정류장
이누야마역
犬山駅
호텔 뮤스타일 이누야마 익스피리언스
Hotel µSTYLE Inuyama Experience

• Information •

이누야마(犬山)

아이치현의 북서부에 위치한 도시다. 도시를 반으로 나누어 서쪽은 평지, 동쪽은 산지가 자리 잡고 있다. 또한 북쪽에는 기소강이 흐르며 기후현과 경계를 이룬다. 지명을 직역하면 '개+산'이라는 뜻인데, 개사냥에 최적이었기 때문에 이러한 이름이 붙었다는 설도 있다. 16세기 전국시대에는 전쟁의 무대였으며, 17~19세기 에도시대에는 국보인 이누야마성 아래로 조카마치(성하마을)가 형성돼 행정도시와 상업도시로 발전하였다. 성을 차지하려는 쟁탈전과 지진 등의 자연재해 속에서도 이누야마는 꿋꿋하게 제 모습을 간직한 채 오늘날에 이르렀다. 소도시 특유의 한적함과 일본 고유의 분위기가 남아 있는 곳. 세월의 흐름이 묻어나는 골목골목을 걷고, 오랜 시간 이어져 온 이누야마 축제를 즐기며 이색적인 풍경과 마주해 보자.

드나들기

❶ 나고야에서 이누야마로 이동

열차

열차 등급에 따라 차이는 있으나 메이테쓰 나고야역에서 이누야마犬山역까지 약 30분이 소요된다. 요금은 편도 630엔인데, 관광객들은 보통 '이누야마 조카마치 킷푸'를 구매하는 편이다. 메이테쓰 나고야역 창구에서 구입할 수 있으며 나고야역–이누야마역(혹은 이누야마유엔犬山遊園역) 왕복 승차권, 이누야마성 입장권(교환권), 이누야마성 상점가 할인쿠폰이 포함된다. 왕복 승차권은 2일간 유효하며 예약 변경 및 취소가 불가능하다. 가격은 1,380엔이다.
이누야마역이나 이누야마유엔역 모두 서쪽 출입구로 나가 이누야마 조카마치, 이누야마성 등을 찾아가면 된다.

버스

메이테쓰 버스센터, 오아시스 21 버스터미널에서 메이지무라明治村와 연결되는 근거리 고속버스가 운행 중이다. 두 곳 모두 운행 편수가 많지는 않다. 시간표를 확인한 후 일정을 조정해 보자.
홈피 www.meitetsu-bus.co.jp

❷ 중부국제공항에서 이누야마로 이동

공항에서 이누야마역이나 이누야마유엔역까지 메이테쓰 열차로 이동할 수 있다. 전 등급 열차가 지나지만 뮤스카이+특급열차를 이용하는 것이 가장 빠르다(환승 1회). 약 1시간 10분이 소요되며 요금은 1,960엔이다. 간혹 나고야역까지만 가는 열차도 있으니 탑승 전 종착역을 확인하자.

❸ 시내 이동

도보

주요 볼거리는 이누야마역 혹은 이누야마유엔역에서 걸어갈 수 있다. 메이지무라에 가지 않는 이상 도보 여행이 가능하다.

버스

이누야마에 도착해 메이지무라를 가려면 버스를 이용하자. 이누야마역 동쪽 출입구로 나오면 버스정류장이 보이는데, 2번 정류장에서 메이지무라(종점)로 가는 버스가 출발한다. 버스비는 편도 500엔. 탑승은 뒷문으로 하고 출입문 옆에 놓인 기계에서 정리권을 뽑는다. 정리권에 숫자가 적혀 있는데, 자신이 탑승한 위치의 숫자다. 버스 앞에 있는 화면에서 각 번호마다 내야 하는 요금이 뜬다. 내릴 때 운전기사에게 표를 보여주고 그에 맞는 돈을 내자. 거스름돈은 없으니 미리 요금통 앞 동전교환기에서 교환해야 한다. 메이지무라까지는 약 20분이 소요된다.

여행 방법과 추천 코스

이누야마는 나고야역에서 메이테쓰 열차를 이용하는 것이 가장 편하다. 특히 이누야마 조카마치 킷푸를 이용해 여행하는 것을 추천한다. 단 중학생 이하는 이누야마성의 입장료가 할인되기 때문에 오히려 손해다. 이누야마의 주요 볼거리는 이누야마성과 이누야마 조카마치다. 어떤 곳을 먼저 방문하느냐에 따라 하차하는 역이 달라진다. 조카마치부터 방문할 예정이라면 이누야마역 서쪽 출입구 방면으로 나와서 걸어가면 된다. 이누야마성이나 우라쿠엔부터 방문하고 싶다면 이누야마유엔역에서 내리자. 역시나 서쪽 출입구로 나와 찾아가면 된다. 조카마치 킷푸에는 열차 승차권과 이누야마성 입장권 외에 조카마치의 특정 가게에서 쓸 수 있는 할인 쿠폰이 포함돼 있다. 잊지 말고 잘 써먹자.

메이지무라는 이누야마역에서 7km 이상 떨어져 있다. 규모도 꽤 크다 보니 이곳저곳 둘러보는 데 3~4시간은 필요하다. 때문에 이누야마성과 메이지무라를 함께 방문하고 싶다면 조카마치나 우라쿠엔 등의 일정을 축소하거나 생략하자.

Tip

1 이누야마성부터 보고 싶다면 이동 루트를 반대로 하면 된다.

2 메이지무라를 방문하는 것 역시 이동 루트를 반대로 하자. 메이지무라로 향하는 버스정류장은 이누야마역 동쪽 출입구로 나가면 보인다.

Writer's pick

이누야마역 ··· 도보 6분 ··· **요시가와야**(p.208) ··· 도보 4분 ··· **이누야마 규타로**(p.207) ··· 도보 3분 ··· **혼마치 사료**(p.207) ··· 도보 10분 ··· **이누야마성**(p.202) ··· 도보 13분 ··· **우라쿠엔**(p.204) ··· 도보 9분 ··· **이누야마유엔역**

Sightseeing ***

이누야마성 犬山城

일본에서 현존하는 가장 오래된 성으로, 현재의 모습은 1537년 오다 노부나가의 숙부가 지은 것이다. 기소강의 남쪽 언덕에 위치하며 강을 사이에 두고 아이치현과 기후현으로 나뉜다. 지리적 특성상 성을 차지하려는 쟁탈전이 자주 일어났고 성주도 수없이 바뀌었다. 1617년 나루세 마사나리가 성주가 되었고 이후 380년 이상을 나루세 집안에서 소유하였다. 일본에서는 유일하게 개인이 소유한 성이었으나 2004년부터 재단법인에 이관되었다.

천수각은 지하 2층과 지상 4층으로 지어졌으며 안으로 들어가기 전 신발을 벗어야 한다. 출입구를 통해 지하층으로 들어가면 천수각을 지지하는 돌담과 굵은 대들보 등이 보인다. 계단을 통해 위층으로 올라가야 하는데 경사가 매우 가파르다. 올라갈 때는 물론 내려올 때도 정신을 바짝 차려야 한다. 사람이 많을 때는 특히 더 조심하도록 하자. 최상층인 망루에 오르면 강과 마을 풍경을 내려다볼 수 있다. 특히 봄에는 벚꽃, 가을에는 단풍이 물든 모습을 볼 수 있어 많은 사람들이 찾는다. 일본의 국보로도 지정돼 있다.

주소 犬山市犬山北古券65-2
위치 메이테쓰 이누야마유엔역 서쪽 출입구에서 도보 17분
운영 09:00~17:00
휴무 12월 29일~31일
요금 성인 550엔, 초중생 110엔
전화 0568-61-1711
홈피 inuyama-castle.jp

Tip 통합입장권 구매

1. **이누야마성+우라쿠엔 세트** 성인 1,450엔
2. **이누야마성+메이지무라 세트** 성인 2,850엔, 고등학생 1,900엔, 초중생 750엔

※이누야마 조카마치 킷푸 소지자는 이누야마성 입장권(교환권)이 포함돼 있으니 통합입장권을 고려할 필요가 없다.

Sightseeing ★★☆

산코이나리 신사 三光稲荷神社

이누야마성으로 향하는 길목에 자리하고 있다. 1586년에 창건되었다는 이야기가 있지만 정확하진 않다. 이름에서 알 수 있듯 이나리신을 모시는데, 본래 곡물의 신이었지만 현재는 산업 전반의 신으로 여겨진다. 이나리신의 심부름꾼이 여우라서 신사로 들어가는 도리이 앞에 여우상이 자리한다. 하지만 경내에서 가장 눈에 띄는 것은 핑크색 하트 에마다. 에마絵馬란 나무판에 그림이나 글자를 써서 신에게 기원한 것이며 이곳의 에마에는 인연 연(縁) 자가 적혀 있다. 이는 산코이나리 신사가 남녀의 인연과 부부의 화합 등을 신덕으로 내세우기 때문이다. 또한 경내에 있는 제니아라이銭洗い에 돈을 씻으면 몇 배로 되돌아온다고 한다. 아이러니하게도 유료다.

산코이나리 신사 바로 옆에는 하리츠나 신사針綱神社가 자리하는데, 이곳 신사의 제례가 이누야마 축제의 기원이다. 산코이나리 신사에 비해 볼거리가 적어 상대적으로 한산하다.

주소 犬山市犬山北古券41-1
위치 메이테쓰 이누야마유엔역에서 도보 13분
전화 0568-61-0702
홈피 inuyama.gr.jp/sanko-s.html

Sightseeing ★☆☆

기소가와 산책로 木曽川遊歩道

기소강을 따라 만들어진 산책로다. 제방과 강변의 두 가지 길이 있고 이누야마성과 이누야마유엔역 사이를 오갈 때 지나게 된다. 특히 이누야마의 벚꽃 명소이기도 해서 봄철에는 사람들로 붐빈다. 강을 경계로 하여 건너편은 기후현이며 역시나 산책로가 조성돼 있다. 시간이 많은 여행자라면 강 건너편까지 가 보는 것도 좋다. 이누야마성과 기소강이 어우러진 또 다른 풍경과 마주할 수 있다.

주소 犬山市犬山寺下
위치 메이테쓰 이누야마유엔역 서쪽 출입구에서 도보 3분
전화 0568-61-6000
홈피 inuyama.gr.jp/hanami-kisogawa.html

More & More 1,300년이 넘은 고대 낚시법 '우카이'

우카이鵜飼는 가마우지 새를 이용한 낚시법으로 가마우지의 목을 고삐로 묶어 생선을 삼키지 못하게 한 후 물고기를 잡는다. 현재는 어업보다 관광 산업으로 이루어지고 있으며 관람객이 탄 배가 가마우지 낚싯배를 따라다니는 식이다. 보통 저녁에 펼쳐지지만 기소강에서는 낮에도 운항한다. 전화로 사전 예약이 필요하나 굳이 예약하지 않고도 기소가와 산책로에서 구경할 수 있다. 그 외 유람선 탑승도 가능하다(홈페이지 참조).

주소 메이테쓰 이누야마유엔역 동쪽 출입구에서 선착장까지 도보 3분
운영 6월 1일~10월 15일
전화 0568-61-2727
홈피 kisogawa-ukai.jp

Sightseeing ★★☆

우라쿠엔 有楽苑

이누야마성 동쪽에 자리한 정원이며 호텔 인디고 이누야마 우라쿠엔의 주차장을 지나 찾아갈 수 있다. 이곳이 유명한 이유는 오다 우라쿠사이가 세운 다실(茶室) '조안如庵'이 자리하기 때문이다. 1936년 국보로 지정되었을 만큼 일본의 다도 문화에 있어 귀중한 유물이며 일본에서 국보로 지정한 다실은 이곳을 포함해 3개뿐이다. 본래 교토의 사찰에 쇼덴인正伝院이라는 서원과 함께 자리해 있었으나 매각되고 옮겨지는 과정을 거쳐 이곳 부지에 정착하게 되었다. 원내에서 쇼덴인의 모습 또한 볼 수 있으며 이는 국가 중요 문화재이기도 하다. 이 외에도 옛 지도를 보고 복원한 겐안元庵과 새롭게 세운 고안弘庵 등의 다실도 자리한다. 방문객은 고안에서 차를 마실 수 있다. 시끌벅적한 관광명소가 아닌 차분한 분위기를 선호하는 여행자에게 추천한다.

주소 犬山市御門先1
위치 메이테쓰 이누야마유엔역
서쪽 출입구에서 도보 9분

운영 목~화요일 09:30~17:00
휴무 수요일, 12월 29일~1월 1일
요금 성인 1,200엔, 어린이 600엔,
차 600엔
전화 0568-61-4608
홈피 www.meitetsu.co.jp/urakuen

Sightseeing ★★☆

이누야마 조카마치 犬山城下町

조카마치는 성 아래에 자리한 마을을 뜻한다. 영주가 살고 있는 성을 중심으로 형성되는 도시이며 이누야마 조카마치는 이누야마성이 축성될 당시 함께 정비되었다. 도시 구획은 물론이고 오래된 상가 건물들이 현재까지 남아 있어 운치를 더한다. 성으로 이어지는 큰길에는 길거리 간식이나 식당, 카페, 기념품 가게 등이 이어져 있다. 점심시간이 가까운 때에는 어느 가게 앞에나 사람들이 바글바글하다. 조금 한가로이 걷고 싶다면 큰길에서 이어진 골목골목을 따라가보자. 한적한 주택가도 자리하는 터라 조용히 산책할 수 있다.

주소 犬山市犬山城下町
위치 메이테쓰 이누야마역
서쪽 출입구에서 도보 8분

홈피 inuyama.gr.jp/castle-town.html

Sightseeing ★

이누야마 조카마치 쇼와요코초 犬山城下町 昭和横丁

요코초는 우리말로 골목을 뜻하는데, 즉 쇼와시대(1926~1989) 골목 느낌으로 꾸며놓은 공간이다. 초입에 있는 당고 가게 차도코로 쿠라야(p.207)가 워낙에 인기가 많아 출입구 앞은 언제나 사람들로 붐빈다. 안으로 들어가면 덴가쿠(두부 된장 구이), 다코야키, 오코노미야키, 맥주 등을 판매하는 가게가 양옆으로 자리한다. 음식을 받으면 안쪽에 마련된 테이블에서 먹을 수 있는 푸드코트 형식이다. 그 외에 사격이나 제비뽑기 등의 즐길 거리도 있으니 한 번쯤 들러보자.

주소 犬山市犬山西古券60
위치 돈덴관 맞은편에 위치
운영 11:00~17:00
홈피 shouwa-yokotyou.com

Sightseeing ★

돈덴관 どんでん館

이누야마 축제에 관심이 있다면 들러보자. 가장 큰 볼거리는 1층 전시장의 수레다. 8m 높이에 3t의 무게를 지닌 수레 4량이 전시돼 있으며 빛과 소리 등으로 축제 당일의 분위기를 재현해냈다. 2층에서는 축제 날 아침부터 끝날 때까지의 과정을 영상 등으로 보여주고, 움직이는 미니어처도 만나 볼 수 있다. 참고로 수레의 한쪽을 들어 올려 방향을 전환하는 것을 '돈덴どんでん'이라고 하며 돈덴관의 이름도 여기에서 유래되었다.

주소 犬山市大字犬山字東古券62
위치 메이테쓰 이누야마역 서쪽 출입구에서 도보 10분
운영 09:00~17:00
휴무 12월 29일~31일
요금 성인 100엔, 중학생 이하 무료
전화 0568-65-1728
홈피 inuyama.gr.jp/donden.html

More & More 이누야마 축제

1635년 현지의 수호신을 모시는 하리츠나 신사의 제례에서 시작된 축제다. 매년 4월 첫째 주 주말에 열리며 일본의 중요 무형 민속문화재이기도 하다. 이누야마 축제의 주인공은 3층으로 이루어진 13량의 수레라고 할 수 있다. 화려하게 꾸며진 수레가 줄지어 행진하는 모습을 보기 위해 많은 사람이 찾아온다. 모든 수레의 꼭대기에는 에도 시대부터 전해져 온 꼭두각시 인형이 놓여 있으며, 아래층에 타고 있는 아이들의 피리와 북소리에 맞춰 춤을 춘다. 수레마다 인형의 움직임이 다르다는 것도 큰 볼거리다. 저녁이 되면 360여 개의 초롱을 싣는데, 불을 밝힌 수레의 모습이 또 하나의 장관을 이룬다.

Sightseeing ★★☆

메이지무라 明治村

100만㎡ 넓이의 야외 박물관으로 메이지시대의 건축물과 역사적 자료 등을 전시한다. 메이지시대(1867~1912)는 일본이 문호를 개방하여 서양의 문물과 제도 등을 받아들인 시기인데 건축 부문 역시 많은 영향을 받았다. 부지 내에는 일본의 근대건축물 60동 이상이 이축·복원돼 있으며, 이 중에는 국가 중요 문화재가 11곳, 아이치현 유형문화재가 1곳 자리한다. 우리나라의 한국민속촌 같은 느낌이지만 규모가 훨씬 거대하여 다 둘러보는 데에만도 반나절이 필요하다. 안으로 들어가면 우선 지도(한국어 O)부터 얻자. 부지는 총 5개의 구역으로 나뉘며 중요 문화재는 지도상에 빨간색으로 표시돼 있다. 무엇을 봐야 할지 모르겠다면 중요 문화재만 봐도 상관없다. 하지만 버스정류장은 정문에만 있고 시간이 늦어지면 부지는 꽤 으스스하게 다가온다. 때문에 5가부터 들른 후 1가로 내려오는 루트를 추천한다. 걸어 다니기 힘들면 부지 내 교통수단을 이용하도록 하자. 다양한 건물 가운데 5가에 위치한 데이코쿠 호텔은 찾아가 볼 만한 명소다. 건축가 프랭크 로이드 라이트의 작품으로 우아한 외관 앞이 단연 포토 포인트다.

주소 犬山市内山1
위치 메이테쓰 이누야마역 동쪽 출입구로 나와 2번 정류장에서 버스 탑승 (20분 소요)
운영 3~7·9·10월 09:30~17:00, 8월 10:00~17:00, 11월 09:30~16:00, 12~2월 10:00~16:00
휴무 홈페이지 참조
요금 성인 2,500엔, 고등학생 1,500엔, 초중생 700엔
전화 0568-67-0314
홈피 www.meijimura.com

Tip 부지 내 교통수단

1. **박물관 내 버스(무제한)** 500엔
2. **증기기관차(1회)** 성인 700엔, 어린이 500엔
3. **교토 노면전차(1회)** 성인 500엔, 어린이 300엔
4. **증기기관차+노면전차 1일권** 성인 1,000엔, 어린이 700엔

More & More 시간 여행 티켓

메이지무라는 기간 한정으로 '지칸 료코 킷푸時間旅行きっぷ'를 발매한다(메이테쓰 나고야역 서비스센터). 메이테쓰 열차 전 노선(뮤스카이 제외)과 이누야마역-메이지무라 왕복 버스 1Day 티켓, 메이지무라 입장권, 메이지무라 내 교통수단, 마을 지정 매장 이용권이 포함돼 있다.

요금 성인 4,900엔, 어린이 2,650엔
홈피 www.meitetsu.co.jp

Food
1
차도코로 쿠라야 茶処くらや

인스타그램 등에서 화제가 되며 일본의 젊은 층에게 인기를 얻고 있다. 손님이 많을 때는 대기 줄을 관리하는 직원이 따로 있을 정도다. 이곳의 인기는 맛도 맛이지만 SNS용 사진에 최적화된 화려함 때문이다. 대표 메뉴인 하이컬러코이코마치ハイカラ恋小町는 8개의 당고 위에 알록달록한 팥고물과 과일 등이 올라가며 색감이 무척이나 사랑스럽다. 달콤한 맛과 쫀득한 식감이 잘 어울리지만 질릴 수 있으니 녹차가 함께 나오는 세트 메뉴를 추천한다.

주소 犬山市犬山西古券60
위치 이누야마 조카마치 쇼와요코초 초입
운영 수~월요일 11:00~17:00
휴무 화요일, 셋째 수요일
요금 하이컬러코이코마치 세트 650엔
전화 0568-65-6839

Food
2
이누야마 규타로 犬山牛太郎

이누야마 조카마치에 자리한 인기 가게로 히다규 스시만 판매한다. 히다규飛騨牛는 기후현의 품질 좋은 소고기이며 이곳 가게는 최상급인 A5 고기를 사용한다. 주문 시 와사비, 생강, 마늘 중에서 맛을 선택할 수 있다. 셋 다 간장을 베이스로 한 소스와 잘 어울리기 때문에 취향에 따라 고르면 된다. 스시는 2개씩 나오며 각각 다른 맛으로 선택할 수는 없다. 부드러운 육질과 적당히 단맛이 도는 육즙은 길거리 음식이라 생각되지 않을 만큼 맛있다.

주소 犬山市大字犬山字東古券70
위치 메이테쓰 이누야마역
서쪽 출입구에서 도보 11분
운영 09:00~17:00
요금 히다규 스시(2개) 600엔

Food
3
혼마치 사료 本町茶寮

100년 된 옛 민가를 개조한 일본식 카페로 카운터석과 테이블은 물론 좌식 다다미도 마련돼 있다. 메뉴판은 사진과 함께 소개돼 있어 주문이 어렵진 않다. 식사 메뉴는 덴가쿠 정식田楽定食이 유명한데, 덴가쿠는 두부를 꼬치에 꽂고 된장을 발라서 구워낸 음식이다. 그 외에도 단팥죽, 빙수, 음료 메뉴까지 갖추었다. 또한 출입구 옆에는 테이크아웃 메뉴를 담당하는 공간이 자리하며 당고와 화려한 토핑의 아이스크림 등을 판매한다.

주소 犬山市犬山東古券673
위치 메이테쓰 이누야마역
서쪽 출입구에서 도보 13분
운영 11:00~17:00
요금 우동 덴가쿠 정식 950엔, 당고 100엔
전화 050-5870-5670

Food
4
요시가와야 芳川屋

이누야마역에서 조카마치 메인 도로로 향하는 길에 위치한다. 아이스크림, 파르페, 빙수 등을 판매하는 스위츠 가게로 딸기, 샤인머스캣, 복숭아 등 신선한 제철 과일이 들어간다. 바나나, 오렌지, 키위 등의 연중 과일도 있으니 취향에 따라 선택하자. 맛도 맛이지만 화려한 토핑 덕에 인기가 많고 특히 주말에는 손님들이 줄지어 선다. 점내는 협소하나마 테이블도 마련돼 있고 야외 벤치에서 잠시 먹고 갈 수도 있으나 자리 차지가 쉽지 않다. 과일의 물량이 한정적이라 시간대에 따라 원하는 메뉴가 없을 수도 있다. 다만 몇 년 전과 비교해 과일 양이 줄어든 부분이 아쉽다.

주소 犬山市犬山東古券195-2
위치 메이테쓰 이누야마역 서쪽 출입구에서 도보 6분
운영 목~월요일 11:00~16:00
휴무 화 · 수요일
요금 와플콘아이스크림 700엔
전화 0568-65-9881

Food

두부 카페 우라시마 豆腐かふぇ浦嶌

오전부터 긴 줄이 이어지는 맛집이다. 150여 년의 유서 깊은 두부 가게에서 수제 두부를 가져와 요리한다. 길거리 간식보다 건강한 한 끼가 먹고 싶다면 들러볼 만하다. 식사는 오후 2시까지만 가능하고 런치 메뉴는 다마테바코玉手箱 한 종류만 있다. 다마테바코는 전설에 나오는 신비로운 상자를 의미하는데, 이곳에선 생선조림과 양배추, 유바(두부의 한 종류) 등이 담겨져 나온다. 이에 더해 덴가쿠와 밥, 국, 절임, 디저트 등이 나오며 커피 등의 음료는 추가 요금이 필요하다.

주소 犬山市犬山東古券726-2
위치 메이테쓰 이누야마역 서쪽 출입구에서 도보 12분
운영 수~월요일 11:00~16:00
휴무 화요일
요금 다마테바코 런치 1,650엔
전화 0568-27-5678

More & More 메이테쓰 쿠폰

메이테쓰 나고야역에서 '이누야마 조카마치 킷푸'를 구매하면 나고야-이누야마 왕복 승차권, 이누야마성 입장권(교환권), 우라쿠엔 할인권, 그리고 메이테쓰 쿠폰과 팸플릿을 받게 된다. 메이테쓰 쿠폰은 이누야마 조카마치에서 사용할 수 있는데, 연계된 상점 중 3곳에서만 할인받을 수 있다. 단 특정 메뉴와 제품에만 적용된다. 계산 시 쿠폰을 제시하면 할인가로 가격을 받고 쿠폰에 도장을 찍어 준다. 상점에 대한 안내는 티켓 구입 시 함께 주는 팸플릿에 나와 있으며 혹시 못 받은 경우 이누야마역 내 관광안내소에서도 받을 수 있다.

Food

6

마쓰에 혼텐 松栄本店

일본식 디저트 전문점으로 150년 이상 된 오래된 가게다. 테이크아웃 손님이 많지만 안에서 먹고 갈 만한 자리도 마련되어 있다. 안에서 먹는 것과 테이크아웃 가격이 다른 메뉴도 있으니 주문 시 미리 이야기하자. 인기 상품은 이누야마성을 본뜬 모나카! 모나카는 '한가운데'를 뜻하는 일본어에서 유래된 이름이다. 찹쌀가루를 반죽해서 얇게 펴고 그사이에 팥소를 넣어 만든 일본식 화과자로 우리에게도 익숙하다. 마쓰에 혼텐의 모나카는 알갱이가 살아있는 수제 팥고물을 넣어 만든다. 선물용으로 구매할 시 유통기한이 3일인 점을 참고하자. 이 외에도 와라비 모찌, 젠자이 등 다양한 일본식 디저트를 판매한다.

주소 犬山市西古券33
위치 메이테쓰 이누야마역 서쪽 출입구에서 도보 11분
운영 목~월 10:00~16:30 **휴무** 화 · 수요일
요금 성모나카 200엔, 와라비 모찌 360엔(테이크아웃 350엔)

Stay : 3성급

린코칸 臨江館

일본의 전통 숙박시설인 료칸이다. 기소강을 마주하고 있다 보니 저녁에 펼쳐지는 우카이를 보고 오기에도 좋다. 외관이나 실내 인테리어에 있어 조금 낡은 느낌이 있지만 객실(다다미방)은 깔끔하게 정리돼 있고 직원들도 친절하다. 무엇보다 노천온천을 즐길 수 있어 인기가 많다. 숙박을 이용하지 않고 온천과 가이세키만 즐기는 플랜도 있다. 레트로 감성을 느껴보고 싶다면 추천할 만하나 최신식에 익숙해져 있다면 호텔을 이용하는 편이 좋다. 근처에 편의점이나 식사를 할 만한 가게가 없으므로 간식거리 등은 숙소로 돌아오기 전 미리 준비하는 게 좋다.

주소 犬山市大字犬山字西大門先8-1
위치 메이테쓰 이누야마유엔역 서쪽 출입구에서 도보 6분
요금 2인 9,000엔~
전화 0568-61-0977
홈피 www.rinkokan.jp

Shopping

마메키치 豆吉本舗

이누야마 조카마치에 자리한 콩 과자 전문점이다. 손바닥만 한 크기라 들고 다니기에 부담이 없고 선물용으로도 좋다. 여러 가지 색과 다양한 맛을 갖추었으며 시식도 가능하다. 콩을 별로 안 좋아해서 구입이 꺼려진다면 시식 후 결정해 보자. 인기 아이템은 우메보시 콩 과자이고 계절에 따른 한정 상품도 내놓는다. 바삭바삭한 식감은 맥주 안주로도 손색이 없다. 특정 상품에 한해 메이테쓰 쿠폰을 이용할 수 있다.

주소 犬山市犬山西古券5-2
위치 메이테쓰 이누야마역 서쪽 출입구에서 도보 14분
운영 10:00~17:00
전화 0568-61-5515
홈피 www.mame-kichi.jp

Stay : 3성급

호텔 뮤스타일 이누야마 익스피리언스

Hotel μSTYLE Inuyama Experience

© Hotel μSTYLE Inuyama Experience

2021년에 개업한 메이테쓰 그룹의 비즈니스호텔로 이누야마역 바로 앞에 자리한다. 자동 체크인이나 스마트 TV 등 최신 서비스를 제공한다. 전 객실 금연이며 1층에 흡연실이 마련되어 있다. 방에는 욕조 없이 샤워 부스만 있는데, 호텔 내에 노천을 포함한 대욕장과 사우나 시설까지 갖추었다. 시간제한은 있지만 느긋하게 몸을 풀고 싶다면 이용해 보자. 호텔은 5층 건물에 주변도 기차역인 터라 탁 트인 전망을 기대하진 말자. 이누야마에서 하루 정도 묵기에 적당한 곳이다.

주소 犬山市犬山富士見町16-2
위치 메이테쓰 이누야마역 도보 서쪽 출입구에서 도보 2분
요금 모더레이트 트윈 12,500엔~
전화 0568-54-3111
홈피 www.m-inuyama-h.co.jp

Kuwana 구와나

구와나
N
나가시마역
長島駅
미에현
도카이도 東海道
아이치현
나바나노사토
なばなの里
기소강 木曽川
이비강 揖斐川
메이시국도 名四国道
나가시마 스포츠랜드
長島スポーツランド
이비강 揖斐川
도카이도 東海道
바로
Valor
록카엔
六華苑
출입구
관광안내소
나가모찌야 노포
永餅屋老舗
구와나역
桑名駅
구와나역
버스터미널
도카이도 東海道
야스나가 모찌 가시와야
安永餅本舗柏屋
아피타
APiTA
우타안돈
歌行燈
구와나역 주변
이세완간자동차도 伊勢湾岸自動車道
호빵맨 어린이 박물관
アンパンマンこどもミュージアム&パーク
미쓰이 아웃렛 파크
Mitsui Outlet Park
Jazz Dream Nagashima
호텔 나가시마
ホテル ナガシマ
호텔 하나미즈키
ホテル 花水木
나가시마 스파랜드
ナガシマスパーランド
유아미노시마
湯あみの島

• Information •

구와나(桑名)

미에현 북부에 위치한 도시로 나고야역에서 열차를 타면 30분 이내로 이동할 수 있다. 특히 나가시마섬에 위치한 나가시마 리조트는 나고야의 근교 여행지로 인기가 많다. 리조트의 주요 시설로는 놀이공원, 온천, 아웃렛 등이 자리한다. 어른, 아이 할 것 없이 전 세대가 즐길 수 있으며 볼거리와 즐길 거리가 넘쳐나 온종일 시간을 보낼 수 있다. 그중 나바나노사토는 다른 시설과 조금 떨어져 있는데, 일본 최대급 일루미네이션이 유명하다. 그보다 한적한 여행지를 선호한다면 구와나역 주변을 여행해 보자. 영화 및 드라마 촬영지로 유명한 록카엔을 방문하거나 관광안내소에서 자전거를 빌려 강변을 달리며 여유를 즐길 수도 있다.

드나들기

❶ 나고야에서 나가시마 리조트로 이동

버스

메이테쓰 버스센터 3층 매표소에서 나가시마 온센長島温泉행 티켓을 구입한 후 4층 22번 승강장으로 가자. 성인 기준 편도 1,200엔, 왕복 2,300엔이며 약 50분이 소요된다. 나가시마 온센이 종점이고 나바나노사토なばなの里를 경유한다. 간혹 직행하기도 하니 탑승 전 경유 여부를 확인하자. 보통은 승차권에 더해 명소 입장권과 쿠폰 등이 포함돼 있는 패키지 티켓을 구입하는 편이다. 계절별 한정 발매 패키지도 있으니 홈페이지를 참고하자.

홈피 www.meitetsu-bus.co.jp/express/nagashimaonsen

연중 발매 패키지	포함 내용		가격
윳타리 ゆったり	• 메이테쓰 버스센터 → 나가시마 온센 • 나바나노사토 → 메이테쓰 버스센터	• 나가시마 온센 → 나바나노사토 • 아웃렛 할인쿠폰	성인 2,500엔 초등학생 1,250엔
유아미노시마 湯あみの島	• 메이테쓰 버스센터 ↔ 나가시마 온센 • 유아미노시마 입장권	• 스파랜드 입장권 • 아웃렛 할인쿠폰	성인 4,190엔 초등학생 2,320엔
스파랜드 패스포트 スパーランドパスポート	• 메이테쓰 버스센터 ↔ 나가시마 온센 • 아웃렛 할인쿠폰	• 스파랜드 자유이용권	성인 8,100엔 초등학생 5,550엔

열차+버스

나고야역에서 나바나노사토를 가려면 긴테쓰 혹은 JR 열차를 이용해 나가시마長島역까지 이동한 후 버스로 환승하는 방법도 있다. 긴테쓰 나고야역에서 나가시마역까진 약 22분이 소요되며 편도 490엔, JR은 약 28분이 소요되며 편도 340엔이다. 나가시마역에서 나오면 버스정류장이 보이는데 나바나노사토까지는 10분 정도가 걸린다.

나바나노사토 일루미네이션 기간에는 긴테쓰 나고야역에서 세트 상품을 판매한다. 나고야역-나가시마역 왕복 열차 티켓, 나가시마역-나바나노사토 왕복 버스 티켓, 나바나노사토 입장권과 1,000엔 쿠폰이 포함돼 있다. 가격은 성인 3,600엔이다.

❷ 나고야에서 구와나역으로 이동

긴테쓰 혹은 JR 열차를 이용해 구와나桑名역으로 이동할 수 있다. 긴테쓰는 약 20분이 소요되며 편도 530엔, JR은 약 30분이 소요되며 편도 360엔이다. 구와나역에서 하차하면 동쪽 출입구로 나와 관광안내소를 가리키는 화살표를 따라가자. 안내소에서 한국어 팸플릿을 얻거나 자전거(유료)를 빌릴 수 있다.

❸ 중부국제공항에서 구와나역/나가시마 리조트로 이동

공항에서 나가시마 리조트를 경유해 구와나역까지 가는 버스가 있다. 공항 1층의 2번 승차장에서 탑승하며 약 55분이 소요된다. 다만 운행 편수가 적고 나가시마 리조트를 경유하지 않는 편도 있다. 요금은 성인 기준 편도 1,800엔. 단 2024년 8월 기준, 전편 운휴 중이다. 홈페이지를 통해 재개 여부를 확인하자.

홈피 www.sanco.co.jp/highway/kuwanakokusai

여행 방법과 추천 코스

구와나 여행은 크게 나가시마 리조트와 구와나역 주변으로 나눌 수 있다. 나고야 시민들이 즐겨 찾는 여행지는 나가시마 리조트 쪽이다. 놀이공원을 비롯해 온천과 아웃렛 등 즐길 거리가 많아 온종일 시간을 보내기에도 좋다. 반면 구와나역 주변은 한적하고 조용한 동네로, 주요 명소인 록카엔도 관광객이 많지 않다. 이곳은 산책하거나 자전거를 타면서 반나절 정도 시간을 내는 게 어울린다. 두 군데를 모두 들르고 싶다면 구와나역과 나가시마 리조트를 이어주는 버스를 이용할 수 있다(30분 소요). 다만 메이테쓰 버스 승차권이 포함돼 있는 나가시마 리조트 패키지 상품을 이용하기가 애매해진다. 여행 일정에 여유가 있다면 각각 다녀오는 것도 좋지만 그렇지 않을 경우 자신의 여행 스타일에 맞는 곳을 선택하자.

Writer's pick 1

미쓰이 아웃렛 파크(p.220) ···› 도보 5분 ···› **유아미노시마**(p.219) ···› 버스 20분 ···› **나바나노사토**(p.216)

Writer's pick 2

구와나 관광안내소 ···› 자전거 10분 ···› **록카엔**(p.221) ···› 자전거 이용 ···› **강변 산책**

Tip 1

1 첫 번째 일정은 메이테쓰 윳타리 패키지에 어울리는 코스다. 아웃렛과 온천보다 놀이공원파라면 일정을 대체하고 스파랜드 패스포트를 구매하자.

2 유아미노시마는 15시와 19시를 기점으로 입장료 할인에 들어간다.

Tip 2

1 구와나역에서 록카엔까지는 도보, 버스, 자전거를 이용할 수 있다. 버스정류장은 구와나역 동쪽 출입구에서 오른쪽 계단으로 나와 직진하면 보인다(롯데리아 앞). 동부 루트 버스를 타고 록카엔역에서 하차하자. 단 일요일은 운휴한다.

2 자전거는 관광안내소에서 빌릴 수 있으며 요금은 500엔이다. 간단한 인적사항 기입 후 16시까지 반납하면 된다.

Sightseeing ★★★

나바나노사토 なばなの里

나가시마 리조트의 시설 중 유일하게 떨어져서 자리한다. 사계절 내내 화려함에 둘러싸이는 공간으로 봄에는 튤립, 여름에는 수국, 가을에는 코스모스 군락이 장관을 이룬다. 부지 내에는 베고니아 가든과 아일랜드 후지 전망대와 같은 명소가 자리하며 각각 추가 입장료가 필요하다. 베고니아 가든의 경우 나바나노사토 입장료에 포함되는 1,000엔 쿠폰을 쓸 수 있지만 전망대는 불가능하다. 또한 다양한 레스토랑과 무료 족탕까지 마련돼 있어 잠시 쉬었다 가기 좋다. 좀 더 본격적으로 피로를 풀고 싶다면 사토노유 온천도 좋은 선택이 된다.

꽃이 지는 겨울 여행이라고 해서 아쉬워할 필요는 없다. 나바나노사토의 하이라이트라 할 수 있는 일루미네이션이 있으니. 수백만 개의 LED 전구들이 광대한 부지를 뒤덮는데, 보통 10월 말에서 5월 말까지 진행된다. 불빛은 '빛의 터널'에서부터 시작되며, 터널 앞에 점등 시간이 게시돼 있다. 직원의 카운트다운에 맞춰 불이 켜지면 사람들의 탄성도 여기저기 터져 나온다. 200m로 이어져 있는 터널 끝에는 메인 회장이 자리한다. 이곳에서 매년 다른 주제로 일루미네이션 쇼가 펼쳐진다. 나가는 길에는 100m 길이의 벚꽃 터널을 지나는데 또 한 번 감탄을 자아낸다.

주소 桑名市長島町駒江漆畑270
위치 메이테쓰 버스 이용, 나바나노사토역 하차. 나고야에서 출발 시 약 35분, 나가시마 온센에서 출발 시 약 20분 소요
운영 10:00~21:00
※시기에 따라 다름, 홈페이지 참조
요금 초등학생 이상 2,500엔 (1,000엔 쿠폰 포함)
전화 0594-41-0787
홈피 www.nagashima-onsen.co.jp/nabana/index.html

Tip 버스 시간표 확인!!

메이테쓰 버스를 타고 나바나노사토에 와서 같은 방법으로 돌아갈 예정이라면 정류장에 붙어 있는 시간표를 잘 확인하자. 특히 일루미네이션을 감상할 때는 막차 시간까지 챙겨야 한다. 버스에 탈 수 있는 인원은 정해져 있기 때문에 여유 있게 움직이자.

ㄴ베고니아 가든 ベゴニアガーデン

나바나노사토 내에 자리한 베고니아 식물원으로 일본 최대 규모를 자랑한다. 베고니아를 비롯해 세계 각국에서 수집한 수백 종의 꽃이 1만 2천 그루가량 모여 있다. 4동으로 이루어진 대온실은 철저한 관리를 통해 연중 만개한 꽃들이 자리한다. 그중에서도 구근베고니아의 수가 가장 많은데 꽃의 크기가 크고 선명한 색깔 덕분에 '꽃의 여왕'이라 불리기도 한다. 재배하기 쉬운 유형은 아니지만 조명과 온도, 통풍 등을 조절하여 최상의 상태를 유지하고 있다. 특히 천장에 매달려 있는 수많은 베고니아는 알록달록한 색감과 화려함을 뽐내며 보는 이들의 감탄을 자아낸다. 마지막 동에는 카페가 자리하며 베고니아에 둘러싸인 채 티타임을 즐길 수 있다. 곳곳에 포토 포인트가 있는데, 사실 어디서 찍든 아름답다. 그야말로 '인생 사진'을 건질 수 있으니 나바나노사토에 왔다면 꼭 한 번 들러보자.

전화 0594-41-0751
요금 성인 1,000엔, 초중생 700엔, 유아 200엔
※쿠폰 사용 가능

Sightseeing ★★☆

나가시마 스파랜드 ナガシマスパーランド

어른과 아이들 모두가 즐길 수 있는 놀이공원이다. 잔잔한 놀이기구에서부터 스릴 넘치는 대형 롤러코스터 등이 자리하는데 그 종류만도 60여 개에 이른다. 그중에서도 스틸 드래곤 2000은 세계에서 가장 긴 롤러코스터로 정문에서부터 위용을 드러내고 있다. 최고 속도는 시속 153km이며 탑승 시간은 4분이다. 이에 더해 엎드려 매달린 채로 하늘을 나는 롤러코스터 애크러뱃이나 좌석이 앞뒤로 돌아가는 스핀코스터 아라시 등도 인기다. 조금 쉬어가고 싶을 때는 자이언트 휠 오로라도 추천한다. 90m 높이의 대관람차에서 360도 파노라마 전경을 감상할 수 있다.

여름에는 워터파크도 개장하며 10개 이상의 풀과 다양한 워터슬라이드, 어린이 공간 등이 마련돼 있다. 놀이공원 티켓으로는 입장이 불가해 공통권이나 추가 구매가 필요하다. 또한 '스파'라는 이름에 걸맞게 유아미노시마 온천도 자리한다. 놀이공원의 서쪽 출입구에서 가깝고 연결 다리를 통해 이어진다. 볼거리와 즐길 거리가 많기 때문에 하룻밤 머물며 느긋하게 둘러보는 여행자도 많은데 호텔 나가시마, 호텔 하나미즈키 등이 자리해 있다. 나가시마 리조트의 다양한 시설을 즐기고 싶다면 고려해 보자.

주소 桑名市長島町浦安333

위치 메이테쓰 버스 이용,
나가시마 온센역 하차(약 50분).
서쪽 출입구로 입장

운영 09:30 개장(17:00~19:00 사이 폐장)
※시기에 따라 다름, 홈페이지 참조

요금 **입장권** 성인 1,600엔,
초등학생 1,000엔, 유아 500엔
자유이용권 성인 5,800엔,
초등학생 4,400엔, 유아 2,700엔
※15시 이후에는 할인가로 판매

전화 0594-45-1111

홈피 www.nagashima-onsen.co.jp/spaland/index.html

Sightseeing ★☆☆

호빵맨 어린이 박물관
アンパンマンこどもミュージアム&パーク

"용감한 어린이의 친구 우리 우리 호빵맨"을 만나 볼 수 있는 테마파크다. 호빵맨은 용기와 우정의 메시지를 전하는 슈퍼히어로로 일본은 물론 한국의 어린이들까지 사로잡은 캐릭터다. 이곳 박물관에서는 아이들을 위한 놀이시설과 공연이 펼쳐지는 무대, 기념품 숍 등이 자리하고 있다. 특히 잼 아저씨의 빵 공장에서는 호빵맨과 동료들의 얼굴로 만든 빵을 판매해 인기다. 참고로 일본에서는 호빵맨을 '안판만アンパンマン'이라고 부르는데, 안판은 우리말로 단팥빵이다.

주소 桑名市長島町浦安108-4
위치 나가시마 스파랜드 정문 왼쪽에 위치
운영 10:00~17:00
요금 2,000엔 ※홈페이지 사전 예약 실시
전화 0594-45-8877
홈피 www.nagoya-anpanman.jp

Sightseeing ★★☆

유아미노시마 湯あみの島

3만 3천㎡ 규모에 17개의 노천탕과 실내 욕탕 등을 갖추고 있다. 사계절 내내 아름다운 자연을 바라보며 온천욕을 즐길 수 있어 인기다. 프런트는 스파랜드 서쪽 출입구 앞 연결 다리에서 이어진다. 온천 티켓을 추가로 구매하는 거라면 출입구 근처의 자판기를 이용하자. 신발은 신발장에 넣고(보증금 100엔) 프런트에 티켓을 내면 한국어 안내 프린트와 바코드가 달린 열쇠를 받는다. 바코드는 관내 시설에서 현금 대신 이용 가능하다(퇴관 시 정산). 이후 1층으로 내려가 유카타를 받고 온천을 즐기면 된다. 3층에는 카페테리아가 크게 자리하니 출출할 때 들러보자. 바위를 이용한 찜질인 암반욕도 즐길 수 있는데 온천 입장권과는 별개의 티켓 구매가 필요하다.

주소 桑名市長島町浦安333
위치 메이테쓰 버스 이용,
나가시마 온센역 하차(약 50분).
나가시마 스파랜드
서쪽 출입구로 입장
운영 09:30~21:00(주말은 23:00까지)
요금 성인 2,100엔, 초등학생 1,300엔,
유아 700엔
※15시 이후 성인 1,600엔,
초등학생 1,000엔, 유아 600엔
전화 0594-45-1111
홈피 www.nagashima-onsen.co.jp/yuami/index.html

Tip 셔틀버스

웰컴 게이트와 유아미노시마를 오가는 셔틀버스가 있다(무료, 3분 소요). 웰컴 게이트는 나가시마 스파랜드 주차장 옆에 자리한 주황색 아치문이다.

Shopping

1

미쓰이 아웃렛 파크

Mitsui Outlet Park Jazz Dream Nagashima

260여 개의 매장을 갖춘 일본 최대 규모의 아웃렛이다. 쇼핑을 시작하기 전 관광안내소부터 들러 지도를 얻는 편이 좋다. 안내소는 건물 1층 중앙쯤에 면세 카운터와 함께 자리한다. 세금 환급은 1개의 점포에서 1일 합계 5,000엔 이상 구매 시 가능하며 몇몇 매장은 계산 시 처리해 주기도 한다. 또한 메이테쓰 버스센터에서 연중 발매하는 패키지 승차권을 구입하면 아웃렛 할인쿠폰 교환권이 포함돼 있다. 안내소에 제시해 쿠폰으로 교환하자.

메이테쓰 버스 이용 시 나가시마 온센역에서 내리게 되는데 아웃렛의 남쪽 출입구와 가깝다. 프랑프랑과 빔스 같은 일본 로컬 브랜드부터 구찌, 프라다, 버버리 등의 해외 명품 브랜드까지 입점해 있다. 캐주얼 브랜드와 스포츠웨어, 시계, 액세서리, 아동복, 속옷 등 다양한 종류와 가격대를 갖추었다. 쇼핑하다 지칠 때면 야바톤이나 미야 기시멘 등의 나고야메시를 즐겨도 좋다. 그 외에도 다양한 레스토랑과 잠시 쉬어 갈 만한 카페가 여럿 있다.

주소 桑名市長島町浦安368
위치 메이테쓰 버스 이용, 나가시마 온센역 하차(약 50분)
운영 10:00~20:00
전화 0594-45-8700
홈피 mitsui-shopping-park.com/mop/nagashima

• Special Page •

영화 속 한 장면
록카엔(六華苑)

구와나의 실업가 모로토 세이로쿠諸戸清六 저택으로 1913년 준공되었다. 정문으로 들어와 보이는 하늘색 건물은 일본 근대 건축에 영향을 끼친 런던 출신 건축가 조시아 콘도르의 작품이다. 어쩐지 인형의 집을 보는 듯한데, 그 옆에는 전혀 다른 스타일의 일본식 건물이 이어져 있다. 당시 지어진 건축물에서 흔히 볼 수 있는 특징이지만 록카엔의 경우 일본식 건물이 꽤 큰 규모로 자리해 있어 특별하다. 건물 남쪽에는 연못을 가운데 둔 지천회유식 정원이 자리한다. 바라보는 방향에 따라 건물도, 정원도 다양한 풍경을 자아내 한 폭의 그림 같다.

"내 인생을 망치러 온 나의 구원자"라는 대사로 유명한 영화 〈아가씨〉의 촬영지로 알려지며 한국인 여행자들의 방문 또한 늘었다. 건물 현관에는 촬영장 사진과 포스터 등이 소개돼 있으며 한국어 팸플릿도 갖추었다. 그런데 눈썰미가 좋은 사람들은 영화에서 하늘색 건물이 나오지 않았단 걸 알고 있을 것이다. 영화에서는 서양식 하늘색 외관이 붉은색 벽돌 건물로 CG 처리되었기 때문. 하지만 일본식 건물은 그대로 나와 마치 영화 속 한 장면에 들어온 듯하다.

주소	桑名市大字桑名663-5
위치	JR 혹은 긴테쓰 구와나역 동쪽 출입구로 나와 롯데리아 앞 버스정류장에서 K-버스(동부 루트) 탑승, 록카엔역 하차. 단 일요일은 운휴한다. 역에서부터 도보 이동 시 약 20분, 자전거 이용 시 약 10분 소요
운영	화~일요일 09:00~17:00 **휴무** 월요일, 12월 29일~1월 3일
요금	성인 460엔, 중학생 150엔
전화	0594-24-4466
홈피	www.rokkaen.com

↳ 양식관 洋館

가장 큰 특징은 4층짜리 탑옥이라 할 수 있다. 콘도르는 본래 3층으로 계획했지만 이비강을 보고 싶다는 집주인의 의향에 따라 한 층 더 높인 것이라고 한다. 아쉽게도 관람객은 1 · 2층만 구경할 수 있다. 정원으로 이어지는 다각형의 베란다도 눈길을 끈다. 특히 2층으로 올라가면 큰 창문을 통해 들어오는 햇빛과 그에 따른 창틀의 그림자가 아름답게 그려진다. 또한 양실에 미닫이문을 두는 등 서양식과 일본식이 절충된 모습을 볼 수 있다.

↳ 일식관 和館

일본식 가옥은 집주인 가문의 전속 목수였던 이토 마쓰지로가 지었다. 목조 단층집 구조이며(일부 2층) 다다미방과 주위를 둘러싼 듯한 긴 복도가 특징이다. 당시 서양식과 일본식 건물을 병설하는 경우는 꽤 많았는데, 록카엔은 일본식 건물의 규모가 크다는 점에서 가치가 있다고 여겨진다. 양식관과 일식관 모두 국가 중요 문화재로 지정되었다.

↳ 정원 庭園

건물 남쪽에 지천회유식으로 자리하고 있다. 1층 일식관 건물에서나 2층 양식관에서 내려다보는 모습이 다르고, 연못을 한 바퀴 돌며 정원에서 보게 되는 풍경 또한 다르다. 일부를 제외하고 국가 명승지에 지정되기도 했다.

쫄깃한 면발, 바삭한 튀김

우타안돈 歌行燈

1877년에 개업한 오랜 역사를 지닌 식당이다. 구와나에 자리한 본점 이외에도 일본 전역에 여러 분점을 두고 있다. 록카엔에서는 본점이 더 가깝지만 구와나역으로 돌아갈 예정이라면 이곳 구와나 에키마에점을 이용해 보자. 비교적 저렴하게 즐기는 점심 메뉴(11:00~15:00)도 갖추고 있다. 그중 가마아게 우동과 튀김이 함께 나오는 우타안돈 마쓰歌行燈·松를 추천한다. 가마아게 우동은 삶은 면을 차가운 물에 헹구지 않고 건져내서 면수와 함께 내는 것이다. 함께 나오는 일본식 간장소스에 찍어 먹으면 된다. 메뉴판에 사진이 함께 있어 주문하기 어렵지 않으며 가이세키 요리도 즐길 수 있다. 나고야 메이테쓰 백화점에도 지점이 있다.

주소 桑名市中央町1-31-1

위치 JR 혹은 긴테쓰 구와나역에서 도보 8분
운영 11:00~22:00
요금 **런치** 우타안돈 마쓰 1,650엔
전화 0594-21-1117
홈피 www.utaandon.co.jp

구와나의 명물 화과자

야스나가 모찌 가시와야 安永餅本舗柏屋

야스나가 모찌는 에도시대 초기부터 이어져 내려온 오랜 역사를 자랑한다. 일반적인 찹쌀떡 모양과는 달리 기다란 모양이 특징인데, 과거에는 '소의 혀'로 불린 적도 있다고. 과거의 제조법 그대로 첨가물은 사용하지 않으며 하나하나 정성껏 구워 은은한 탄 자국이 남아 있다. 쫀득쫀득한 식감과 속을 채운 팥 알갱이가 어우러져 달콤하면서도 고소하다. 낱개는 물론 상자로도 판매하지만 유통 기한은 3일 정도다. 야스나가 모찌는 이곳 가시와야와 함께 나가모찌야 노포永餅屋老舗에서만 제조 및 판매한다. 두 곳 모두 구와나역 근처에 본점이 자리하며 나고야 시내나 공항, 기념품점 등에서도 구매 가능하다. TV프로그램 〈맛있는 녀석들〉에서도 야스나가 모찌를 소개한 바 있다.

주소 桑名市中央町1-74
위치 JR 혹은 긴테쓰 구와나역에서 도보 5분
운영 08:00~18:00
요금 야스나가 모찌(1개) 97엔
전화 0594-22-1197

03

Step to Nagoya

쉽고 빠르게 끝내는 여행 준비

Step to Nagoya 1

나고야 여행 준비

나고야 여행을 결심했다면 꼭 보고 싶은 명소나 먹고 싶은 음식을 선택하는 것이 먼저다. 그래야 일정을 짜는 게 수월해진다. 나 홀로 여행이 아니면 함께하는 동행인의 의사도 고려해야 한다. "난 다 좋아!"라고 말하는 사람도 의견 한두 개쯤은 내게 해야 피곤할 일이 적다. 혹시나 일이 틀어졌을 때 남 탓하지 않게끔 함께하는 여행임을 강조하자. 일정과 예산 등의 큰 틀이 정해지면 항공권과 숙소를 예약하고 세부 일정으로 들어가면 된다.

✚ 여권 발급

일본을 비롯해 대다수의 국가에 입국하려면 여권 만료일이 6개월 이상 남아 있어야 한다. 여권이 있어도 만료 일자를 다시 한번 확인하자. 여권 신청은 전국 구청과 시청(서울특별시청 제외), 군청 등의 민원 여권 부서에서 가능하다. 신청자 본인이 직접 방문해야 하며 미성년자 자녀의 여권은 법정 대리인 동의서도 작성해야 한다. 발급에는 5일 정도가 소요된다.

외교부 여권 안내
www.passport.go.kr

- **필요 서류 :** 신분증, 여권용 사진 1매(6개월 이내 촬영 사진), 여권발급신청서(여권 신청 장소에 비치 또는 홈페이지에서 출력), 가족관계증명서(미성년자), 병역관계서류(군 미필자에 한함)
- **발급 절차 :** 여권사무 대행기관 방문 ···› 신청서 작성 ···› 접수 및 수수료 납부 ···› 여권 수령

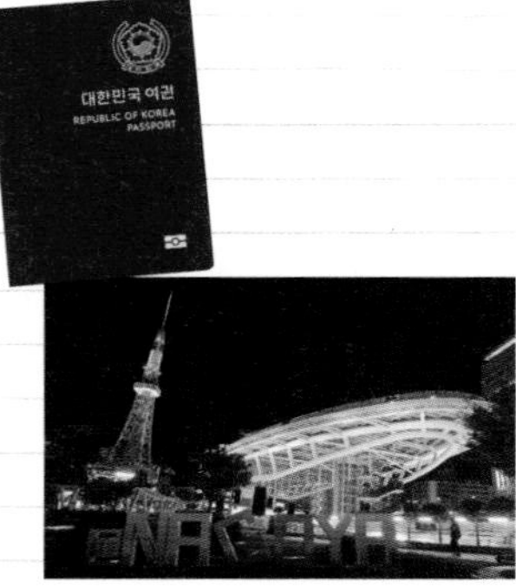

여권 종류 및 수수료

종류	유효기간		사증면수	금액
복수여권	10년(18세 이상)		58(26)면	50,000(47,000)원
	5년(18세 미만)	8세 이상	58(26)면	42,000(39,000)원
		8세 미만	58(26)면	33,000(30,000)원
	5년 미만		26면	15,000원
단수여권	1년 이내			15,000원

여권 재발급

기존 여권의 유효기간이 만료되었거나 만료일이 다가온다면 여권을 재발급받아야 한다. 이 경우 방문 또는 온라인 신청을 할 수 있다. 온라인 신청은 정부24 홈페이지(www.gov.kr)에서 가능하다. 만약 여권 사진이 규격에 부합하지 않으면 접수가 반려되므로 규정을 꼭 확인하자. 온라인 신청 후 여권이 준비되면 직접 찾으러 가야 한다.

이름이나 로마자 성명, 사진 등의 여권 수록 정보를 바꿔야 하거나 여권의 분실 및 훼손 등에도 재발급이 필요하다. 이때는 방문 신청만 가능하다. 대리 신청은 예외적인 경우(만 18세 미만 미성년자, 질병 · 장애, 의전상 필요)에 한해 허용된다.

항공권 예약

항공사 공식 홈페이지를 통해 예약하거나 스카이스캐너, 하나투어 등의 온라인 여행사를 이용하자. 항공권 예약은 빠르면 빠를수록 좋은데 각 항공사에서 진행하는 특가 세일을 노리는 방법도 있다. 다만 특정 기간으로 한정돼 있는 경우가 많다. 온라인 여행사에서는 카드사별 할인 혜택이 가능한 경우도 있으니 비교 후 구입해 보자.

항공권 가격 비교 사이트
스카이스캐너 www.skyscanner.co.kr
하나투어 www.hanafree.com
네이버 항공권 store.naver.com/flights

취항 항공사

인천 ↔ 나고야	**대한항공** www.koreanair.com
	아시아나항공 flyasiana.com
	제주항공 www.jejuair.net
	진에어 www.jinair.com
부산 ↔ 나고야	**대한항공** www.koreanair.com

여행 정보 찾기

가이드북 이외에도 나고야나 일본 여행 관련 홈페이지를 방문해 보자. 여행 후기는 물론이고 날씨나 주의사항 등의 실시간 정보까지 얻을 수 있다.

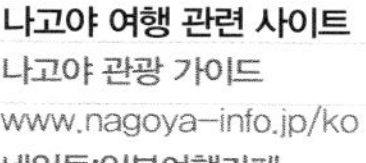
나고야 여행 관련 사이트
나고야 관광 가이드
www.nagoya-info.jp/ko
네일동:일본여행카페
cafe.naver.com/jpnstory

여행 전 볼만한 영상

여행을 떠나기 전 영화나 TV프로그램에 등장한 나고야를 확인해 보는 것도 좋다. 여행지에 대한 정보를 얻는 것과 동시에 여행에 대한 기대감도 더해진다.

❶ **영화 〈내 아내의 모든 것〉** _민규동 감독, 임수정 · 이선균 주연
주인공 정인과 두현이 처음으로 만나는 장소가 나고야다. 영화의 오프닝에서 두 사람의 데이트 장면이 빠르게 그려지는데 나고야의 명소인 오아시스 21, 나고야성, 선샤인 사카에 대관람차 등을 볼 수 있다.

❷ **영화 〈아가씨〉** _박찬욱 감독, 김민희 · 김태리 주연
주인공 히데코가 살던 대저택의 외관은 구와나시에 자리한 록카엔에서 촬영되었다. 영화 속에선 붉은색 벽돌 건물로 CG 처리가 돼서 등장하기 때문에 실제 모습은 낯설 수도 있다. 구와나시는 나고야에서 긴테쓰나 JR 열차를 타면 30분 내로 이동 가능하다.

❸ **TV프로그램 〈톡파원 25시〉** _나고야의 명물 된장 투어 편
나고야는 독특한 향토 요리로 유명한 도시답게 〈맛있는 녀석들〉, 〈원나잇 푸드트립 : 먹방레이스〉와 같은 먹방 프로그램에 종종 등장한다. 그중 〈톡파원 25시〉에서는 나고야의 된장 요리 맛집들을 소개하였다.

숙소 예약

숙소를 선택할 때는 공항과의 접근성이나 대중교통 이용이 편리한지 확인하는 게 먼저다. 당일치기로 근교 여행을 계획 중이라면 교통의 거점인 나고야역 주변에 머무는 것을 추천한다. 반면 나고야 시내를 둘러보는 데 초점을 두었다면 나고야의 중심지인 사카에 지역이 알맞다. 두 지역 모두 3성급 호텔이 많은 편이다. 한 여행 가격 비교 사이트가 조사한 바에 따르면 한국인 여행자가 일본에서 선호하는 숙소가 3성급 호텔이라고 한다. 3성급 호텔의 경우 하룻밤 평균 8~9만 엔 정도다. 요일에 따라 달라지기도 하는데 금~토요일이 가장 비싸다. 그 외에도 호스텔이나 현지인 집에서 살아볼 수 있는 에어비앤비 등이 있다. 에어비앤비에 머물 때는 이용자의 후기를 꼼꼼히 살피는 것을 잊지 말자.

국제운전면허증

일행이 여럿이거나 부모님을 모시고 여행하는 경우 편하게 이동 가능한 렌터카 여행도 고려해 보자. 운전자는 국제운전면허증이 필요하며 전국 운전면허시험장이나 지정 경찰서에서 발급받을 수 있다. 본인 신청 시 여권과 운전면허증, 여권용 사진 1매, 수수료 8,500원을 준비해 가자.

렌터카는 우리나라 여행사를 통하거나 한국어가 지원되는 타비라이, 현지에서 직접 빌리는 방법이 있다. 공항에서부터 이용하려면 중부국제공항 액세스 플라자로 나와 중앙에 있는 인포메이션 부스를 방문하자. 단 일본은 우리나라와 운전석이 반대이고 주행 방향도 다르다. 초보 운전이거나 운전에 자신이 없다면 대중교통을 이용하는 게 마음 편하다.

홈피 kr.tabirai.net/car/

환전하기

일본은 가게 등에서 신용카드 결제가 안 되는 곳도 있어 어느 정도의 현금은 소지하는 게 좋다. 엔화는 한국 내 대부분의 은행에서 환전 가능하다. 스마트폰에서 자신의 주거래 은행 애플리케이션을 이용하면 수령을 원하는 날짜와 지점 등을 지정할 수 있다. 만약 출국일까지도 은행에 가지 못했다면 공항이나 일본 내에서 환전하자. 다만 일본에서 환전할 경우 은행이든 사설환전소든 수수료가 비싸다.

최근에는 트래블월렛, 트래블로그 같은 앱과 연동된 카드에 외화를 충전해서 쓰는 방법도 있다. 주요 통화의 환전 수수료가 없는 데다가 현지 ATM 기기에서 인출할 때도 수수료가 없다. 앱에서 연동 계좌를 등록해 실물카드를 이용하는 방식이므로 여행 전 카드를 미리 발급받자.

면세점 쇼핑

누군가는 면세점 쇼핑 때문에 해외여행을 떠나기도 할 것이다. 시내에 있는 면세점이나 인터넷 면세점을 이용했다면 출국심사 후 면세품 인도장을 찾아가자. 공항 이용객이 많은 연휴에는 대기 시간까지 계산해서 움직여야 한다.

1인당 면세 범위

주류 2병(합산 2L 이하, USD400 이하)
담배 200개비(10갑)
향수 60mL
일반 품목 USD800 이하

✚ 여행자 보험

아무리 짧은 여행이라 할지라도 여행자 보험은 드는 편이 좋다. 이 세상에 '절대'란 없지 않은가. 보험사마다 보장 내용과 가격이 다르므로 2개 이상은 비교해보는 것이 좋다. 여행지에서 발생한 사건 · 사고에 대해 보상받을 수 있는데 보험금 청구 시에는 치료비 영수증이나 사고 증명서 등이 필요하다. 도난을 당했다면 현지 경찰서를 방문해 도난 신고서를 작성해야 한다.

✚ 스마트폰 데이터

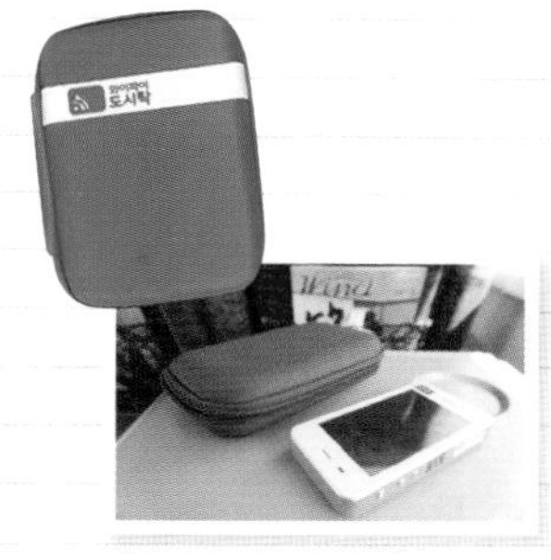

일본에 도착해 스마트폰 전원을 켜면 자동으로 로밍서비스가 이루어진다. 이때 데이터로밍 또한 자동으로 이뤄지므로 이용을 원하지 않으면 사전에 차단해야 한다. 출국 전 공항에 위치한 통신사 부스를 찾아가 해외 데이터 차단을 신청하자. 물론 홈페이지에서 직접 차단할 수도 있다.

해외에서 스마트폰 데이터를 이용하려면 포켓와이파이를 대여하거나 유심칩 또는 이심칩을 구매하는 방법이 있다. 이심칩은 따로 심카드를 삽입하지 않아도 되지만, 아직까진 최신 기종에 한해 지원된다. 두 명 이상이거나 노트북 등의 다른 기기도 이용해야 한다면 포켓와이파이를, 나 홀로 여행자인 경우 유심칩 구매를 권한다. 다만 유심칩을 바꿔 끼우면 기존의 전화번호로 걸려오는 통화 및 문자에 응답할 수 없는 점을 고려하자.

✚ 짐 챙기기

가장 중요한 건 여권! 몇 번을 확인해도 부족하지가 않다. 그 외 예약 바우처와 환전한 돈, 계절에 맞는 옷가지, 11자형 변환 플러그, 전자기기 충전기, 여행용 크기의 세면도구, 화장품 등을 챙기자. 여름철에는 양산 겸용 3단 우산도 유용하다.

짐을 챙길 때 이것저것 많이 가져갈 필요는 없다. 오히려 이것저것 많이 챙겨올 생각으로 줄여서 가는 것을 추천한다.

Step to Nagoya 2

출국에서 도착까지

공항은 비행기 출발 시각 최소 2시간 전까지 도착하는 게 좋다. 휴가철이나 연휴 기간에는 대기 시간을 고려해 3시간 전까지 도착하자. 한국에서 나고야까지는 인천국제공항과 김해국제공항이 노선을 운항한다. 인천에서 나고야까지는 약 1시간 50분이 소요된다.

1. 공항으로 이동하기

인천국제공항

본인의 거주지에 따라 공항철도, 리무진버스 등 가장 빠른 방법을 선택하면 된다. 서울역에서 직통열차를 타면 제1여객터미널 43분, 제2여객터미널은 51분이 소요된다. 또 비행기 출발 3시간 전에는 서울역의 도심공항서비스도 이용할 수 있다. 이는 특정 항공사에 한해 체크인과 수하물 탁송, 출국심사까지 마칠 수 있게 한 서비스다. 공항에 도착하면 전용 출국 통로를 이용하게 돼서 특히 성수기에 대기 시간을 단축시킬 수 있다. 현재 대한항공, 아시아나항공, 제주항공, 진에어 등이 운영 중이다.
코로나 팬데믹 이후 광명역 도심공항터미널은 리무진만 운영하고 있다. 운영 재개는 2024년 연말을 목표로 하고 있다.

도심공항서비스
서울역 도심공항터미널
www.arex.or.kr

여객터미널 체크!

공항으로 출발하기 전 자신이 타야 하는 항공사가 어느 터미널에 있는지 확인하는 것은 필수다. 1터미널 취항 항공사는 아시아나항공, 제주항공 외 기타 저가항공사 및 외항사들이 있다. 2터미널은 스카이팀 동맹 항공사인 대한항공, 델타항공, 에어프랑스, KLM과 진에어 등이다.
만약 다른 여객터미널에 도착했다면 공항철도를 이용하거나 터미널 간 무료 셔틀버스를 타고 이동하자. 소요 시간은 공항철도 6분, 셔틀버스 15~20분 정도다.

2. 공항에서 출국하기

체크인하기

공항에 도착하면 본인이 타야 하는 항공사 카운터를 찾는 게 먼저다. 근처에 있는 안내 전광판을 통해 카운터 번호를 확인하고 이동하자. 사전에 온라인 체크인을 하지 않았다면 카운터 근처에 있는 키오스크를 통해 탑승권을 발급받아야 한다. 키오스크 기기 사용이 서툴러도 주변에 있는 직원이 도와주므로 걱정할 필요는 없다.
온라인 체크인은 항공사마다 다른데 비행편 출발 48시간 또는 24시간 전부터 가능하다. 사전에 체크인을 마친 경우에는 곧장 짐을 부치면 된다.

짐 부치기

탑승권 발급을 마쳤다면 카운터로 가서 위탁수화물을 부치자. 아시아나항공 · 제주항공(1터미널)과 대한항공 · 진에어(2터미널) 등은 셀프체크인을 마친 탑승객에 한해 직접 수화물을 위탁할 수도 있다. 자동 수하물 위탁 카운터를 방문해 직원의 도움을 받거나 안내문에 따라 이용하면 된다. 참고로 공항에서 모르는 사람이 여러 가지 사정을 대며 수하물 운송을 부탁한다면 묻지도 따지지도 말고 거절하자.

카메라, 돈, 귀중품 등은 수화물로 부치지 말고 직접 휴대하는 것이 좋다. 액체류는 100mL 이하의 개별 용기에 1인당 1L 투명 지퍼백 1개에 한해 기내 반입이 가능하다.

보안 검색

보안 요원에게 여권과 탑승권을 보여준 후 보안 검색을 거친다. 바구니에 겉옷과 신발을 벗어 올리고 가방 속에 있는 노트북이나 태블릿 PC 등도 꺼내야 한다. 물이나 음료수는 통과할 수 없으니 출국장으로 들어간 후에 사 마시도록 하자.

출국심사

심사관에게 여권과 탑승권을 보여주고 통과하면 된다. 또한 만 19세 이상 국민이라면 사전 등록 없이도 자동출입국심사가 가능하다. 여권과 지문을 인식시키고 카메라를 응시하는 절차를 따르자. 모자나 선글라스는 벗어야 한다.

탑승 게이트 이동

식사나 쇼핑 등을 즐기다가도 탑승 30분 전까진 게이트 주변에 있자. 특히나 셔틀트레인을 타고 탑승동으로 이동해야 한다면 좀 더 서두르는 것이 좋다. "승객을 찾습니다" 같은 안내 방송에서 자신의 이름을 불리고 싶지 않다면!

3. 나고야 입국하기

입국 조건

백신접종 여부와 관계없이 입국 가능하다. 백신접종증명서나 PCR 음성확인서도 필요하지 않다. 단 해외에서 신규 감염증 발생 시 필요에 따라 일본 입국에 대한 검역 조치가 강화될 수 있는 점을 염두에 두자.

Visit Japan Web

일본 입국 시 수기로 작성했던 입국심사서와 세관신고서를 웹으로 미리 등록해 놓는 서비스다. 필수적으로 이용해야 하는 서비스는 아니지만 입국심사에 걸리는 시간을 단축할 수 있어 유용하다.

먼저 홈페이지에 접속해 새로운 계정을 만들고(이메일 주소 필요) 본인 정보를 등록한다. 여기에는 입국 · 귀국 수속 구분과 여권 정보 입력(또는 카메라 스캔) 등이 포함된다. 이어서 입국 · 귀국 예정을 등록하는 단계로 넘어가며 입국신고서에 수기로 적었던 내용을 등록하는 식이다. 일본 내 연락처는 예약해 둔 숙소 정보를 입력하면 된다. 다음은 휴대품 · 별송품 신고로, 역시나 수기로 적었던 세관신고서이다.

모든 정보를 입력하면 입국심사와 세관신고 QR코드가 각각 발급된다. 이를 캡처해서 핸드폰에 저장해 놓고 입국 수속 시 제시하면 된다.

홈피 vjw-lp.digital.go.jp/ko

입국신고서 작성

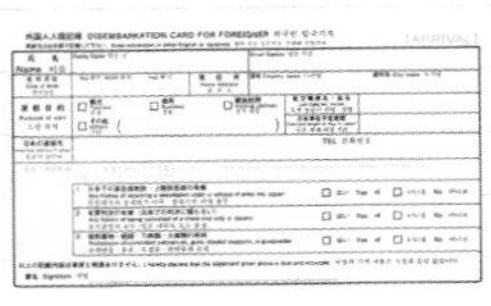

기내에서 승무원이 입국신고서와 휴대품 · 별송품 신고서를 나누어준다. Visit Japan Web에 정보를 등록하지 못했다면 수기로 작성하자. 신고서에는 한국어 안내가 돼 있지만 영어 또는 일본어로 기재해야 한다. '일본의 연락처' 칸에는 숙박하는 곳의 주소나 호텔 이름을 기입하면 된다. 가족 여행인 경우 입국신고서는 1인당 1매, 휴대품 · 별송품 신고서는 가족당 1매를 작성한다.

입국심사대 통과

특별한 문제가 없다면 입국심사는 그리 오래 걸리지 않는다. Visit Japan Web에 정보를 등록했다면 더욱더 빠르게 이동할 수 있다.

수하물 수취

입국심사가 끝나면 짐 찾는 곳으로 향하자. 전광판에서 본인이 탑승한 편명을 확인하고 해당 수취대를 찾아가면 된다. 짐을 찾으면 수하물 표를 다시 한번 확인하자. 비슷한 가방이 많다 보니 바뀌는 사례가 은근히 많다.

세관 검사

신고 여부에 따라 줄을 서고 직원의 안내에 따르면 된다. Visit Japan Web에 정보를 등록하지 않은 경우 휴대품 · 별송품 신고서를 작성해야 한다. 보통 일행이 있으면 서류만 확인하는 편이다. 다만 짐이 적거나 혼자인 경우에는 몇몇 질문이 오가면서 몸수색을 할 때도 있다. 당황하지 말고 절차에 따르자.

4. 공항에서 시내 이동

메이테쓰 열차

공항에서 나고야 시내까지는 메이테쓰 열차를 이용할 수 있다. 주요 정차역은 진구마에, 가나야마, 나고야역이다. 시내 중심지인 사카에를 가려면 가나야마역에서 지하철로 환승해야 한다. 열차의 종류는 뮤스카이, 특급, 준급, 급행 등이 있다. 뮤스카이는 정차역이 가장 적고 지정석으로 운행된다. 창구에서 목적지를 말한 뒤 표를 구매한 후 1번 승강장에서 탑승하자. 특급열차는 일등석(1 · 2호차)과 일반석(3호차 이후)으로 나뉜다. 일등석은 지정석이며 운임 요금에 450엔이 추가돼 뮤스카이와 같은 가격이다. 뮤스카이와 특급열차의 일등석을 제외하면 나머지 등급의 운임 요금은 같다.

메이테쓰 열차를 타면 도코나메(뮤스카이 제외)와 이누야마 등의 나고야 근교 도시로도 이동 가능하다.

소요 시간 및 가격

등급 \ 목적지	진구마에	가나야마	나고야
뮤스카이	21분/1,280엔	24분/1,360엔	28분/1,430엔
특급(일반석)	29분/830엔	32분/910엔	37분/980엔

공항버스

팬데믹 이후 전편 운휴에 들어갔던 센트레아 리무진버스는 2023년 10월부터 일부 경로의 운행을 재개했다. 중부국제공항 도착층에서 액세스 플라자로 이동한 후 1층에 자리한 버스터미널로 가면 된다. 6번 승강장에서 승차하며 09:40~21:40 사이 2시간 간격으로 하루 7회 출발한다. 요금은 성인 1,500엔, 어린이 750엔이다. 나고야 메이테쓰 버스센터까지 이어지던 경로의 운행 재개 일정은 미정이며 여행 전 홈페이지를 한 번 더 확인해 보자.

홈피 www.meitetsu-bus.co.jp/airport

승차역 및 소요 시간

중부국제공항 ···› 도큐 호텔 (50분) ···› 사카에 (55분) ···› 니시키도리 혼마치 (58분) ···› 간코 호텔 (61분)

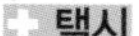

택시

미터제로 운영되며 기본요금 또한 비싸다. 나고야역을 기준으로 약 1시간이 소요되고 예상 운임은 일반 17,500엔, 대형 23,500엔 정도다. 그러나 도로 사정에 따라 시간과 요금은 추가될 수밖에 없다. 회사에서 경비가 나오는 비즈니스 여행객이 아닌 이상 추천하지 않는다.

Step to Nagoya 3

중부국제공항 이용하기

나고야에는 총 2개의 공항이 있는데, 해외여행객은 중부국제공항을 통해 나고야로 들어온다. 도코나메시 이세만의 인공 섬에 지어졌으며 간단하게 '센트레아Centrair'라고도 불린다. 일본의 공항 중에서도 숍과 레스토랑 등이 잘 갖춰져 있고, 이벤트 공간도 마련돼 있어 공항에서의 시간 또한 여행의 일부가 된다. 터미널은 2개가 있으며 2024년 8월 기준 인천과 나고야를 잇는 항공사 가운데 제주항공만 2터미널을 이용한다. 보잉787 실물 전시와 시뮬레이터 등을 갖춘 '플라이트 오브 드림'도 1터미널 액세스 플라자에서 2터미널 방향으로 7분 거리에 있으니 관심이 있다면 방문해 보자.

홈피 www.centrair.jp/ko

1. 여행 서비스센터

도착층으로 나와 액세스 플라자로 가기 전에 일본 중부 여행 서비스센터를 이용할 수 있다(1터미널 쪽에 위치). 신칸센을 포함한 JR 열차표 발권과 메이테쓰 버스 등의 교통 승차권, 긴테쓰 레일 패스, 일본 각지를 여행할 수 있는 재팬 레일 패스와 같은 기획 승차권까지 판매한다. 중부 지역을 중심으로 하는 여행 상품 등이 마련돼 있고 한국어, 영어 응대도 가능하므로 궁금한 점이 있다면 부담 없이 들러보자.

쇼류도버스주유권(쇼류도 패스)

일본 중부의 9개 현(아이치, 시즈오카, 기후, 나가노, 미에, 이시카와, 도야마, 후쿠이, 시가)을 아우르는 관광 상품이다. 코스별로 세 종류가 있으며 각각 다카야마 · 시라카와고 · 가나자와 코스 3일권, 마쓰모토 · 마고메 · 일본 알프스 코스 3일권, 와이드 코스 5일권이다. 나고야를 중심으로 하는 각 루트가 용이 승천하는 형상과 닮았다고 하여 쇼류도昇龍道라 이름 붙었다.

쇼류도 패스는 외국인만 구매할 수 있으며, 홈페이지 또는 국내 여행사를 통해 예약한 뒤 현지에서 실물 티켓으로 교환하면 된다(여권 제시). 중부국제공항에서는 액세스 플라자에 위치한 메이테쓰 관광안내소와 매표소에서 티켓을 교환할 수 있다. 공항에 줄이 길거나 교환하는 걸 깜빡했다면 메이테쓰 나고야역 매표소나 메이테쓰 버스센터 3층 등에서도 가능하다. 쇼류도 패스에는 중부국제공항에서 나고야 시내까지 가는 메이테쓰 열차(뮤스카이와 특급열차의 지정석 제외) 혹은 공항버스 왕복 승차권이 포함돼 있다.

나고야 시내와 가까운 근교 도시만 둘러볼 예정이라면 불필요하다.

홈피 www.meitetsu.co.jp/kor/train/Ticket/special/shoryudo/

2. 스카이 데크

중부국제공항 1터미널에는 옥외 전망대가 자리하고 있어 여행자의 발걸음을 이끈다. 활주로를 향해 돌출돼 있는 구조라 가까운 거리에서 비행기의 이착륙을 구경할 수 있다. 3층 출발 로비에서 연결되는 4층에 위치해 대부분 출국 전에 많이들 들른다. 체크인 후 비행기 탑승 시간까지 여유롭다면 스카이 데크에서 사진 촬영이나 산책을 즐겨보자. 야외이다 보니 강풍이나 악천후에는 출입이 제한된다.

운영 07:00~22:00

3. 레스토랑

중부국제공항 1터미널 4층의 스카이 타운은 레스토랑과 상점은 물론 이벤트 플라자, 온천 시설(유료) 등이 마련돼 있다. 스카이 데크 역시 이곳에서 연결되기 때문에 공항을 이용하는 많은 사람들이 방문한다. 무엇보다 일찍이 방문해 비행기 시간을 기다리며 식사하기 좋다. 일식은 물론 양식, 중식, 한식까지 맛볼 수 있는데, 그래도 기왕이면 나고야메시를 추천한다. 나고야를 떠나기 전 마지막으로 먹는 요리라면 더더욱 그렇다. 선택지는 다양하다. 미소돈가스 야바톤, 새우튀김 마루하 식당, 히쓰마부시 마루야 혼텐을 비롯해 새우튀김 주먹밥 덴무스, 기시멘 등을 판매하는 유명 레스토랑 지점들이 한곳에 모여 있다. 그러다 보니 공항에 도착해 시내로 들어가기 전 이곳에서 식사를 해결하는 여행객도 많다. 다만 도착 로비는 2층이니 엘리베이터를 타고 3층으로 이동해 다시 스카이 타운으로 올라가야 한다.

4. 쇼핑

1터미널 4층 스카이 타운에는 다양한 캐릭터 상품을 판매하는 잡화 매장과 유니클로 같은 패션 브랜드 등이 입점해 있다. 무지 매장은 여행용 상품들만 준비돼 있어 물건이 많지 않다. 그 외 기념품 상점을 비롯해 3층에는 드러그스토어 아마노도 자리한다. 시내에서 미처 구매하지 못한 게 있으면 이곳에서 해결하자. 특산품관에서는 여행 기념품을 쇼핑하기 좋다. 우이로와 새우전병, 만주 등은 물론 닭튀김, 기시멘, 미소니코미 우동 등 나고야메시 조리식품도 판매한다.

5. 출국장 이용

출국 시에는 탑승 수속과 보안 검색대, 출국심사를 거친 후 탑승 게이트로 이동한다. 만약 쇼핑몰 등에서 세금 환급을 받았다면 출국심사 전 마련돼 있는 스캐너에 여권을 스캔해야 한다. 검사 대상이 되면 직원의 안내에 따르자. 출국장의 규모가 크지 않아 게이트까지의 이동도 그리 오래 걸리지 않는다. 면세점 규모도 큰 편은 아니고 저녁 시간대에는 문을 열지 않은 곳도 많다.

한국으로 돌아와 환전할 수 없는 동전들은 출국장 내 시설에서 털어내고 가자. 빵이나 음료수, 즉석 식품 등을 판매하는 자판기나 가챠(뽑기 기계)를 이용하는 것도 재밌다.

Step to Nagoya 4

나고야 시내 교통

과거 나고야는 일본의 다른 대도시와 비교해 자가용의 의존도가 높은 지역이었으나 1980년대부터 대중교통을 정비해 나가기 시작했다. 이에 현재는 지하철과 시내버스 노선이 잘 발달하여 대중교통만 이용해도 시내 중심가 및 주요 명소들을 둘러볼 수 있다. 특히 지하철이나 버스, 혹은 두 가지 모두를 자유롭게 이용 가능한 일일승차권을 구매하면 몇몇 관광명소의 입장료까지 할인되어 여행자에게 유용하다.

홈피 www.kotsu.city.nagoya.jp

지하철

나고야의 지하철 노선은 그리 복잡하지 않다. 총 6개의 노선으로 히가시야마선, 메이조선, 메이코선, 쓰루마이선, 사쿠라도리선, 가미이다선이 있다. 메이조선은 순환선이므로 탑승 전 이동 방향을 확인해야 한다. 나고야항을 잇는 메이코선은 메이조선 가나야마역에서 분리돼 있는 노선이다. 메이코선 나고야코에서 메이조선 오조네역까지 직결 운행하는 열차를 타면 환승 없이 이동 가능하다. 가미이다선은 정차역이 단 2개뿐이며 여행자가 이용할 일은 거의 없다. 지하철 요금은 구간에 따라 달라지며 1~5구간이 있다.

요금 **1구간** 성인 210엔, 어린이(6~12세) 100엔

탑승 방법

1. **요금 확인** 역내 자동발매기 상단에 있는 노선도에서 목적지까지의 요금을 확인한다.
2. **승차권 구입** 자동발매기(한국어 지원) 혹은 역무원이 있는 창구에서 승차권을 구입한다. 보통권 및 일일승차권 모두 구입할 수 있다.
3. **개찰구 통과** 승차권을 개찰구의 투입구에 넣고 통과한다. 하차 후 다시 개찰구에 승차권을 넣으면 보통권은 나오지 않지만 일일승차권은 회수해야 하니 꼭 챙기자.

시내버스

나고야 시내 각 곳을 연결하며 나고야역과 오아시스 21 남쪽에 주요 버스터미널이 있다. 나고야의 시내버스는 일반 계통을 비롯해 전용 차로를 달리는 기간 버스, 시내 중심지에만 정차하는 시티 루프 버스, 구청이나 병원 같은 생활 거점을 순회하는 지역 순회 버스 등이 있다. 앞문으로 승차해 뒷문으로 내리는 게 일반적이며 요금은 선불이다. 균일 요금으로 운행하기 때문에 정리권은 발행하지 않는다. 다만 심야버스와 고속도로를 지나는 노선은 균일 요금을 따르지 않고, 몇몇 기간버스와 가이드웨이 버스는 뒷문으로 승차해 앞문으로 내린다(후불). 구간에 따라 요금도 다르니 탑승 시 출입문 옆에서 정리권을 뽑아야 한다. 시내버스 이용 시에는 하차 버튼을 누르지 않거나 정류장에 승객이 없으면 정차하지 않는 점을 주의하자.

요금 성인 210엔, 어린이(6~12세) 100엔

일일승차권

메구루버스 1Day 티켓을 제외하면 나고야의 대중교통 일일승차권은 총 4개다. 그중 도니치에코 킷푸는 시내버스와 지하철 이용이 모두 가능하지만 매월 8 · 18 · 28일, 토 · 일 · 공휴일에만 사용할 수 있다. 그 외 승차권은 언제든지 사용할 수 있는데, 시내버스에 적용되는 승차권의 경우 메구루버스의 이용 또한 가능하다. 단 메구루버스 1Day 티켓으로 시내버스 이용은 불가능하다.

종류 및 가격

일일승차권	가격	
	성인	어린이
시내버스 · 지하철	870엔	430엔
지하철	760엔	380엔
시내버스	620엔	310엔
도니치에코 킷푸	620엔	310엔

입장료 할인

노리다케의 숲(크래프트센터 · 노리다케 박물관), 도요타 산업기술기념관, 중부전력 미라이 타워, 아이치현 미술관, 나고야시 과학관, 나고야시 미술관, 히가시야마 동 · 식물원, 히가시야마 스카이 타워, 나고야성, 도쿠가와 정원, 도쿠가와 미술관, 호사문고, 문화의 길 후타바관, 나고야항 수족관, 포트 빌딩 전망대, 나고야 해양 박물관, 남극 관측선 후지, 시 트레인 랜드, 아쓰다 신궁 보물관, 시로토리 정원 등

※일일승차권을 이용한 날에만 유효하며 1장당 1명에 한해 할인 가능하다.

마나카

전자화폐 기능이 있는 IC카드 승차권이며 나고야에서 오래 머무는 여행객이라면 고려할 만하다. 카드의 종류에는 기명식(이름, 전화번호, 성별 등록)과 무기명식이 있는데 가장 큰 차이점은 분실 시 재발행 가능 여부다. 지하철역 마나카 발매기나 역무원에게 구입할 수 있으며 보증금 500엔을 포함해 1,000엔, 2,000엔, 3,000엔, 5,000엔, 10,000엔으로 판매한다. 시내 대중교통은 물론 아오나미선, 메이테쓰 열차, 메이테쓰 버스 등에서도 사용할 수 있다. 또한 시내버스–시내버스, 시내버스–지하철, 시내버스–아오나미선, 지하철–아오나미선 등을 90분 이내에 환승하면 할인 요금이 적용된다.

마나카 이용이 더 이상 필요 없어진 경우에는 남아 있는 잔액에서 수수료(220엔)를 제외해 보증금(500엔)과 함께 돌려준다. 잔액이 220엔 미만인 경우 보증금만 돌려준다.

메이테쓰 이누야마선
名鉄犬山線
이누야마
犬山
다이산지
大山寺
이시보토케
石仏
가시와모리
柏森
고쓰요스이
木津用水
도쿠시게·나고야게이다이
徳重·名古屋芸大
이와쿠라
岩倉
호테이
布袋
코난
江南
후소
扶桑
이누야마구치
犬山口
하구로
羽黒
JR 도카이도선
JR東海道本線
오사토
大里
기요스
清洲
니시하루
西春
T 01
가미오타이
上小田井
오타이
小田井
도카이 코쓰 조호쿠선
東海交通城北線
메이테쓰
나고야선
名鉄
名古屋本線
JR 도카이도 신칸센
JR東海道新幹線
T 02
쇼나이료쿠치코엔
庄内緑地公園
히라
比良
신기요스
新清洲
나카오타이
中小田井
오와리호시노미야
尾張星の宮
T 03
쇼나이도리
庄内通
마루노우치
丸ノ内
시모오타이
下小田井
비와지마
枇杷島
니시비와지마
西枇杷島
T 04
조신
浄心
싯포
七宝
지모쿠지
甚目寺
신카와바시
新川橋
스카구치
須ヶ口
후타쓰이리
二ツ杁
메이테쓰 쓰시마선
名鉄津島線
히가시비와지마
東枇杷島
센겐초
浅間町
T 05
구로가와
黒川
M 09
시가혼도리
志賀本通
M 10
메이조코엔
名城公園
M 08
시미즈
清水
아마가사키
尼ヶ坂
사코
栄生
혼진
本陣
H 06
H 07
가메지마
亀島
나고야조
名古屋城
M 07
히가시오테
東大手
마루노우치
丸の内
히사야오도리
久屋大通
다카오카
高岳
나고야
名古屋
S 04
T 06
M 06
S 05
S 06
나카무라닛세키
中村日赤
H 05
H 08
S 02
S 03
고쿠사이센터
国際センター
사카에
栄
사카에마치
栄町
다이코도리
太閤通
S 01
AN 01
H 09
T 07
H 10
M 05
H 11
나카무라코엔
中村公園
H 04
메이테쓰 나고야
名鉄名古屋
후시미
伏見
야바초
矢場町
M 04
신사카에마치
新栄町
고가네
黄金
고메노
米野
오스칸논
大須観音
T 08
가미마에즈
上前津
쓰루마이
鶴舞
이와쓰카
岩塚
H 03
가스모리
烏森
AN 02
M 03
T 09
T 10
사사시마 라이브
ささしまライブ
산노
山王
H 02
핫타
八田
AN 03
고모토
小本
M 02
히가시베쓰인
東別院
긴테쓰 나고야선
近鉄名古屋線
가나야마
金山
AN 04
아라코
荒子
오토바시
尾頭橋
E 01
M 01
AN 05
미나미아라코
南荒子
히비노
日比野
H 01
다카바타
高畑
E 02
니시타카쿠라
西高蔵
후시야
伏屋
JR 간사이선
JR関西本線
M 28
AN 06
나카지마
中島
로쿠반초
六番町
E 03
아쓰다
熱田
M 27
아쓰다진구니시
熱田神宮西
AN 07
고호쿠
港北
진구마에
神宮前
E 04
도카이도리
東海通
M 26
아쓰다진구덴마초
熱田神宮伝馬町
아오나미선
あおなみ線
AN 08
아라코가와코엔
荒子川公園
E 05
미나토쿠야쿠쇼
港区役所
도요타혼마치
豊田本町
이나에이
稲永
AN 09
E 06
쓰키지구치
築地口
도토구
道徳
노세키
野跡
AN 10
E 07
나고야코
名古屋港
히가시나고야코
東名古屋港
오에
大江
다이도초
大同町
AN 11
긴조후토
金城ふ頭
니시노구치
西ノ口
오타가와
太田川
시바타
柴田
가바이케
蒲池
오노마치
大野町
신마이코
新舞子
히나가
日長
나가우라
長浦
고미
古見
아사쿠라
朝倉
데라모토
寺本
오와리요코스카
尾張横須賀
신닛테쓰마에
新日鉄前
슈라쿠엔
聚楽園
나와
名和
메이테쓰 도코나메선
名鉄常滑線
에노키도
榎戸
다야
多屋
중부국제공항
中部国際空港
도코나메
常滑
메이테쓰 공항선
名鉄空港線
린쿠도코나메
りんくう常滑

나고야 열차 노선도

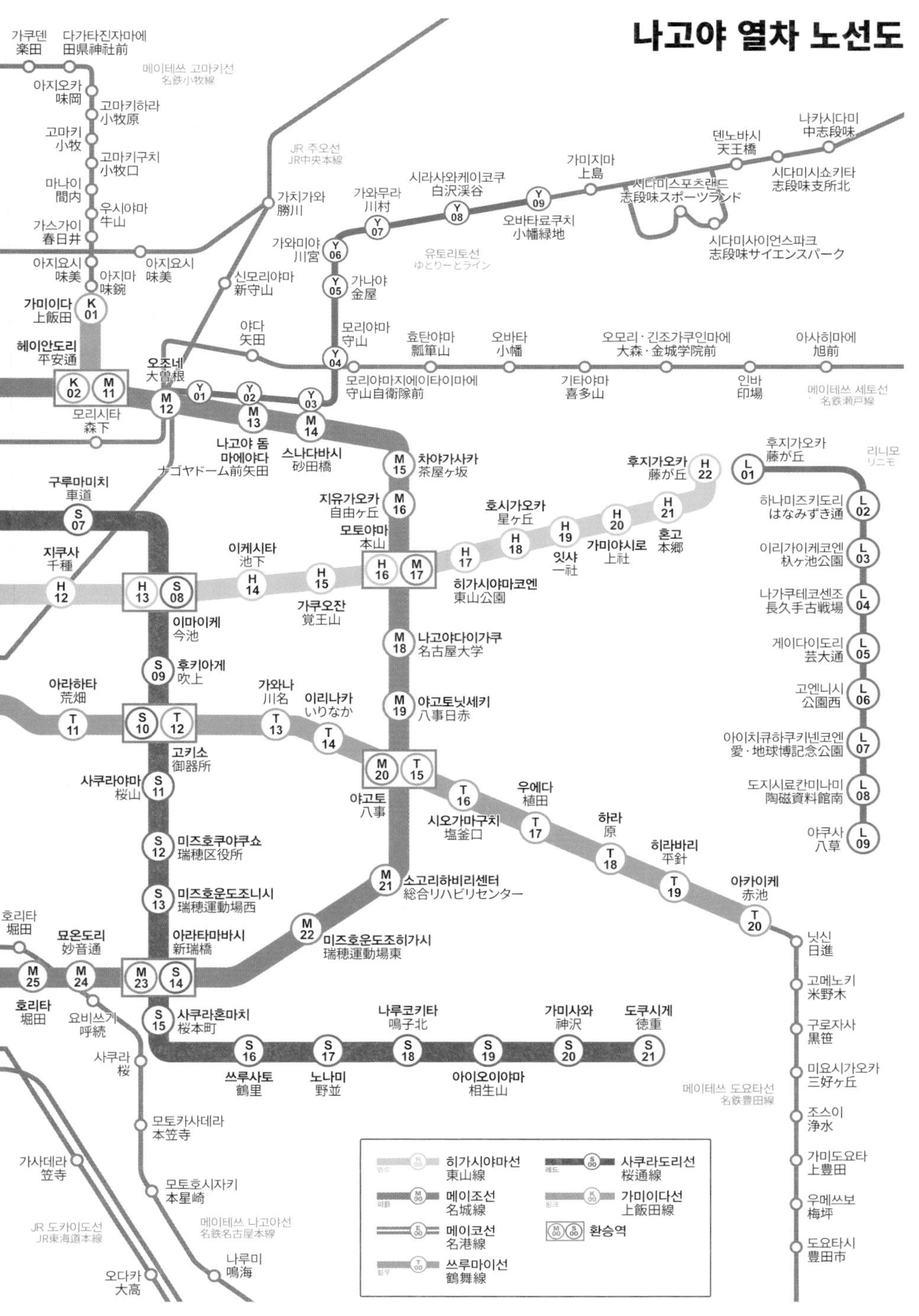

가쿠덴
楽田
다가타진자마에
田県神社前
메이테쓰 고마키선
名鉄小牧線
아지오카
味岡
고마키하라
小牧原
고마키
小牧
고마키구치
小牧口
마나이
間内
우시야마
牛山
가스가이
春日井
아지요시
味美
아지마
味鋺
아지요시
味美
가미이다
上飯田
K 01
헤이안도리
平安通
K 02
M 11
모리시타
森下
JR 주오선
JR中央本線
가치가와
勝川
신모리야마
新守山
오조네
大曽根
M 12
Y 01
Y 02
Y 03
M 13
M 14
나고야 돔 마에야다
ナゴヤドーム前矢田
스나다바시
砂田橋
야다
矢田
가와무라
川村
가와미야
川宮
시라사와케이코쿠
白沢渓谷
Y 05
Y 06
Y 07
Y 08
Y 09
가나야
金屋
모리야마
守山
Y 04
유토리토선
ゆとりーとライン
오바타료쿠치
小幡緑地
가미지마
上島
시다미스포츠랜드
志段味スポーツランド
시다미사이언스파크
志段味サイエンスパーク
덴노바시
天王橋
시다미시쇼키타
志段味支所北
나카시다미
中志段味
모리야마지에이타이마에
守山自衛隊前
효탄야마
瓢箪山
오바타
小幡
기타야마
喜多山
오모리·긴조가쿠인마에
大森·金城学院前
인바
印場
아사히마에
旭前
메이테쓰 세토선
名鉄瀬戸線
M 15
차야가사카
茶屋ヶ坂
M 16
지유가오카
自由ヶ丘
모토야마
本山
H 16
M 17
히가시야마코엔
東山公園
H 17
호시가오카
星ヶ丘
H 18
H 19
잇샤
一社
H 20
가미야시로
上社
H 21
혼고
本郷
후지가오카
藤が丘
H 22
후지가오카
藤が丘
L 01
리니모
リニモ
하나미즈키도리
はなみずき通
L 02
이리가이케코엔
杁ヶ池公園
L 03
나가쿠테코센조
長久手古戦場
L 04
게이다이도리
芸大通
L 05
고엔니시
公園西
L 06
아이치큐하쿠키넨코엔
愛·地球博記念公園
L 07
도지시료칸미나미
陶磁資料館南
L 08
야쿠사
八草
L 09
구루마미치
車道
S 07
지쿠사
千種
H 12
H 13
S 08
이케시타
池下
H 14
H 15
가쿠오잔
覚王山
이마이케
今池
S 09
후키아게
吹上
M 18
나고야다이가쿠
名古屋大学
M 19
야고토닛세키
八事日赤
아라하타
荒畑
T 11
S 10
T 12
가와나
川名
T 13
이리나카
いりなか
T 14
M 20
T 15
야고토
八事
고키소
御器所
사쿠라야마
桜山
S 11
T 16
시오가마구치
塩釜口
우에다
植田
T 17
하라
原
T 18
히라바리
平針
T 19
아카이케
赤池
T 20
S 12
미즈호쿠야쿠쇼
瑞穂区役所
S 13
미즈호운도조니시
瑞穂運動場西
M 21
소고리하비리센터
総合リハビリセンター
M 22
미즈호운도조히가시
瑞穂運動場東
호리타
堀田
묘온도리
妙音通
아라타마바시
新瑞橋
M 25
M 24
M 23
S 14
호리타
堀田
요비쓰기
呼続
S 15
사쿠라혼마치
桜本町
사쿠라
桜
S 16
쓰루사토
鶴里
S 17
노나미
野並
나루코키타
鳴子北
S 18
S 19
아이오이야마
相生山
가미사와
神沢
S 20
도쿠시게
徳重
S 21
닛신
日進
고메노키
米野木
구로자사
黒笹
미요시가오카
三好ヶ丘
조스이
浄水
가미도요타
上豊田
우메쓰보
梅坪
도요타시
豊田市
메이테쓰 도요타선
名鉄豊田線
모토카사데라
本笠寺
가사데라
笠寺
모토호시자키
本星崎
JR 도카이도선
JR東海道本線
메이테쓰 나고야선
名鉄名古屋本線
나루미
鳴海
오다카
大高
히가시야마선
東山線
메이조선
名城線
메이코선
名港線
쓰루마이선
鶴舞線
사쿠라도리선
桜通線
가미이다선
上飯田線
환승역

관광객의 친구 메구루버스

나고야 시내의 인기 관광명소를 운행하는 버스로 여행자들에게 매우 유용하다. 루트는 나고야역 시내 버스터미널의 11번 승강장에서부터 시작되고 1회권 및 1Day 티켓 모두 차내에서 구매할 수 있다. 크게 나고야역 주변과 나고야성, 도쿠가와 정원 주변, 사카에, 후시미 지역을 운행하며 주말과 공휴일 오전에는 가이드(일본어)가 동행하기도 한다. 차내에 한국어 팸플릿이 마련돼 있고 정차역 또한 한국어 안내가 이루어져 편리하다. 도니치에코킷푸, 시내버스 · 지하철 일일승차권, 시내버스 일일승차권, 마나카 IC카드로도 탑승할 수 있다. 노선도는 p.242를 참고하자.

운행일

메구루버스는 화요일부터 일요일까지 이용 가능하다. 다만 월요일이 공휴일인 경우에는 운행하며 다음 날 평일에 운휴한다. 또한 12월 29일~1월 3일에도 운행하지 않는다.

운행 루트

나고야역 버스터미널 ···› 도요타 산업기술기념관 ···› 노리다케의 숲 서쪽 ···› 시케미치 ···› 나고야성 ···› 나고야성 동쪽 · 시청 ···› 도쿠가와 정원 · 도쿠가와 미술관 · 호사문고 ···› 문화의 길 후타바관 ···› 시정자료관 남 ···› 중부전력 미라이 타워 ···› 히로코지 사카에 ···› 히로코지 후시미 ···› 나고야성 ···› 시케미치 ···› 노리다케의 숲 ···› 도요타 산업기술기념관 ···› 나고야역 버스터미널

승하차 방법

메구루버스 정류장은 일반 버스정류장과 달리 노란색이다. 표기 또한 잘돼 있고 한국어 안내도 적혀 있는 터라 특별히 걱정할 건 없다. 다만 도요타 산업기술기념관, 나고야성은 도쿠가와 미술관 방향과 나고야역 버스터미널 방향의 버스가 같은 정류장에서 정차한다. 때문에 탑승 전 운행 방향을 다시 한 번 확인하자. 기사가 운행 방향 피켓을 들고 있기도 하다. 버스는 앞문으로 탑승해 기사에게 1회권 티켓을 구입하거나 1Day 티켓 뒷면의 날짜를 보여 주면 된다. 하차할 때는 하차 버튼을 누르고 뒷문을 이용하자.

운행 시간

나고야역 시내 버스터미널 11번 승강장 출발 기준으로 첫차는 오전 9시 30분, 막차는 오후 5시다. 오후 5시에 출발한 버스는 단축 루트로 운행되며 히로코지 후시미역 이후 곧장 나고야역 버스터미널로 이동한다. 자세한 운행 시간표는 차내에 마련된 팸플릿이나 홈페이지에서 확인할 수 있다.

주말과 공휴일은 20~30분에 1대, 평일에는 30분~1시간에 1대로 배차 간격이 있다. 시간표에 맞춰 운행하지만 교통 상황에 따라 그보다 늦게 오기도 한다.

홈피 www.nagoya-info.jp/ko/useful/meguru/

메구루 1Day 티켓

성인 500엔, 어린이 250엔이며 하루에 몇 번이라도 탑승할 수 있다. 1회 승차 요금은 성인 210엔, 어린이 100엔이기 때문에 3번만 탑승해도 이득이다. 또한 1Day 티켓 소지자는 메구루버스 팸플릿에 게재된 특정 식당 및 토산품 가게에서 혜택이 주어진다(승차일에 한함). 메구루 1Day 티켓은 일반 시내버스에서 이용할 수 없다.

메구루버스 노선도
N
나고야성 주변
나고야성
나고야성 동쪽 · 시청
도쿠가와 정원 · 도쿠가와 미술관 · 호사문고
도요타 산업기술기념관
노리다케의 숲 서쪽
노리다케의 숲
시케미치
문화의 길 후타바관
시정자료관 남
나고야역 주변
나고야역 버스터미널
사카에
중부전력 미라이 타워
히로코지 사카에
히로코지 후시미
오스
운행 노선
단축 루트

Step to Nagoya 6

서바이벌 일본어

기본

아침 **안녕하세요.**	おはようございます。	**오하요오 고자이마스**
점심 **안녕하세요.**	こんにちは。	**곤니치와**
저녁 **안녕하세요.**	こんばんは。	**곤방와**
헤어질 때 **안녕히 가세요.**	さようなら。	**사요나라**
죄송합니다(실례합니다).	すみません。	**스미마셍**
예.	はい。	**하이**
아니요.	いいえ。	**이이에**
괜찮습니다.	大丈夫です。	**다이죠부데스**
감사합니다.	ありがとうございます。	**아리가토우 고자이마스**
한국에서 왔습니다.	韓国から来ました。	**간코쿠카라 기마시타**

숫자

1	いち	**이치**	8	はち	**하치**
2	に	**니**	9	きゅう, く	**큐우, 쿠**
3	さん	**산**	10	じゅう	**쥬우**
4	し, よん	**시, 욘**	11	じゅういち	**쥬우이치**
5	ご	**고**	12	じゅうに	**쥬우니**
6	ろく	**로쿠**	13	じゅうさん	**쥬산**
7	しち, なな	**시치, 나나**	14	じゅうよん	**쥬욘**

공항에서

관광안내소는 어디예요?	観光案内所はどこですか。	**간코오안나이쇼와 도코데스카**
택시 타는 곳은 어디인가요?	タクシー乗り場はどこですか。	**타쿠시이 노리바와 도코데스카**
버스정류장은 어디인가요?	バス停はどこですか。	**바스테와 도코데스카**
나고야역에 가나요?	名古屋駅に行きますか。	**나고야에키니 이키마스카**
요금은 얼마인가요?	料金はいくらですか。	**료오킨와 이쿠라데스카**
여기가 이 지도에서 어디예요?	ここは、この地図で、どの辺ですか。	**고코와 고노치즈데 도노헨데스카**
걸어서 얼마나 걸려요?	歩いてどのぐらいかかりますか。	**아루이테 도노구라이 가카리마스카**

✚ 식당에서

오늘 오후 6시에 2명 예약하고 싶어요.	今日午後6時に、 2人予約したいんですが。	교오 고고로쿠지니 후타리 요야쿠시타인데스가
두 명 앉을 자리 있나요?	2人座れるところ、ありますか。	후타리 스와레루도코로 아리마스카
금연석/흡연석 부탁드려요.	禁煙席/喫煙席お願いします。	긴엔세키/기츠엔세키 오네가이시마스
어린이 의자를 준비해 주세요.	子供用のいすを準備してください。	고도모요오노 이스오 준비시테구다사이
한국어 메뉴판 있나요?	韓国語のメニューがありますか。	간코쿠노 메뉴우가 아리마스카
여기 주문할게요.	注文お願いします。	주우몬 오네가이시마스
가장 인기 있는 메뉴는 뭐예요?	いちばん人気のあるメニューは 何ですか。	이치반 닌키노 아루 메뉴우와 난데스카
이거 하나 주세요.	これ一つください。	고레 히토츠 구다사이
포장해 주세요.	テイクアウトお願いします。	테이쿠아우토 오네가이시마스
맛있습니다.	おいしいです。	오이시이데스
잘 먹었습니다.	ごちそうさまでした。	고치소우사마데시타
따로 계산해 주세요.	別々に計算してください。	베츠베츠니 게이산시테 구다사이
신용카드로 계산해도 되나요?	クレジットカードでもいいですか。	쿠레짓토카아도데모 이이데스카
영수증 주세요.	領収書ください。	료오슈우쇼 구다사이
시원한 물/따뜻한 물	お水/お湯	오미즈/오유
녹차	お茶	오차

✚ 쇼핑할 때

입어 봐도 될까요?	着てみてもいいですか。	기테 미테모 이이데스카
좀 더 작은/큰 치수로 주세요.	もう少し小さい/大きい サイズください。	모오 스코시 치이사이/오오키이 사이즈 구다사이
이것을 찾고 있어요.	これを探しています。	고레오 사가시테이마스
이건 얼마예요?	これ、いくらですか。	고레 이쿠라데스카
이게 할인 가격인가요?	これはセール価格ですか。	고레와 세에루 가카쿠데스카
세금 포함이에요?	税込みですか。	제이코미데스카
면세 가능하나요?	免税可能ですか。	멘제이 가노오데스카
다음에 다시 올게요.	次にまた来ます。	쓰기니 마타 기마스

호텔에서

체크인하고 싶습니다.	チェックイン、お願いします。	쳇쿠인 오네가이시마스
제 이름으로 예약했습니다.	私の名前で予約しました。	와타시노 나마에데 요야쿠시마시타
체크아웃은 몇 시까지입니까?	チェックアウトは何時までですか。	쳇쿠아우토와 난지마데데스카
아침 식사는 어디서 해요?	朝食は、どこでするんですか。	쵸오쇼쿠와 도코데 스룬데스카
방이 너무 더워요.	部屋がとても暑いです。	헤야가 도테모 아츠이데스
옆방이 너무 시끄러워요.	となりの部屋がとてもうるさいです。	도나리노 헤야가 도테모 우루사이데스
방 열쇠를 잃어버렸습니다.	部屋の鍵をなくしました。	헤야노 가기오 나쿠시마시타
택시를 불러 주세요.	タクシーを呼んでください。	타쿠시이오 욘데 구다사이
공항 가는 버스는 어디서 타요?	空港行きのバスは、 どこで乗るんですか。	구우코오유키노 바스와 도코데 노룬데스카
짐을 맡길 수 있나요?	荷物を預けられますか。	니모츠오 아즈케라레마스카

관광명소에서

안내 책자 하나 주세요.	パンフレット、ひとつください。	판후렛토 히토츠 구다사이
오디오 가이드는 어디서 받나요?	オーディオガイドはどこにありますか。	오디오 가이도와 도코니 아리마스카
어른 둘, 아이 하나요.	大人2人、子供1人です。	오토나 후타리, 고도모 히토리데스
화장실이 어디예요?	トイレはどこですか。	토이레와 도코데스카
사진 좀 찍어 주시겠어요?	写真を撮ってくれますか。	샤신오 돗테 구레마스카
여기서 사진 찍어도 되나요?	ここで写真を撮ってもいいですか。	고코데 샤신오 돗테모 이이데스카

긴급 상황

도와주세요!	助けてください。	다스케테 구다사이
여권을 잃어버렸어요.	パスポートをなくしてしまいました。	파스포토오 나쿠시테 시마이마시타
지갑을 소매치기 당했어요.	財布をすりに盗まれました。	사이후오 스리니 누스마레마시타
도난 신고서를 발행해 주세요.	盗難届けを発行してください。	도오난토도케오 핫코오시테 구다사이
한국어를 할 줄 아는 분이 있나요?	韓国語できる方いますか。	간코쿠고 데키루카타 이마스카

Index

- 가나다순 -